Walter F. Garcia Cedeño

Uma perspetiva a vários níveis da gestão de resíduos de C&D em Guayaquil

Walter F. Garcia Cedeño

Uma perspetiva a vários níveis da gestão de resíduos de C&D em Guayaquil

Um olhar atento sobre a reação dos actores à legislação e as razões subjacentes ao seu comportamento

ScienciaScripts

Imprint

Any brand names and product names mentioned in this book are subject to trademark, brand or patent protection and are trademarks or registered trademarks of their respective holders. The use of brand names, product names, common names, trade names, product descriptions etc. even without a particular marking in this work is in no way to be construed to mean that such names may be regarded as unrestricted in respect of trademark and brand protection legislation and could thus be used by anyone.

Cover image: www.ingimage.com

This book is a translation from the original published under ISBN 978-3-330-65262-0.

Publisher:
Sciencia Scripts
is a trademark of
Dodo Books Indian Ocean Ltd. and OmniScriptum S.R.L publishing group

120 High Road, East Finchley, London, N2 9ED, United Kingdom
Str. Armeneasca 28/1, office 1, Chisinau MD-2012, Republic of Moldova, Europe
Printed at: see last page
ISBN: 978-620-8-13005-3

Resumo

Os Resíduos de Construção e Demolição (RCD) representam uma fração importante da quantidade total de resíduos produzidos. Embora o sector da construção seja uma componente importante da economia, cria impactos no ambiente devido à quantidade de resíduos gerados e ao consumo de recursos naturais. É por isso que algumas nações desenvolvidas, especialmente aquelas com escassez de agregados e de espaço para aterros, implementaram regulamentos ambientais que aumentam o preço da deposição de materiais recicláveis em aterros. No entanto, tais regulamentações iniciadas em países em desenvolvimento contribuíram para problemas relacionados com a gestão incorrecta dos resíduos, persistindo ainda níveis de reciclagem baixos ou mesmo inexistentes. Esta investigação centra-se na cidade de Guayaquil, no Equador, e tem como objetivo analisar a legislação em vigor no que diz respeito às políticas de RCD a diferentes níveis (ou seja, estatal, regional, local) e os efeitos destas políticas ao nível da ação (por exemplo, sector da construção, operadores de aterros, empresas de transporte de resíduos). A análise centra-se significativamente na identificação de *desconexões* entre e dentro dos diferentes níveis. Para o efeito, foi revista toda a legislação relativa à gestão de resíduos. Além disso, foram entrevistadas as autoridades aos diferentes níveis e os intervenientes ao nível da ação para saber como estão a abordar o problema dos RCD. Como resultado, foram encontradas importantes desconexões entre os diferentes níveis, especialmente a nível local, onde alguns aspectos importantes que aparecem na legislação de nível superior não são tidos em conta pelas autoridades municipais. Além disso, a maior parte dos desfasamentos entre o nível local (município) e o nível de ação (sector da construção, aterros, empresas de transporte de resíduos) deve-se a mecanismos de controlo deficientes que causam uma gestão imprecisa dos RCD. Existem graves lacunas a nível local, tais como questões de controlo e a exclusão de aspectos importantes que são excluídos pelos actuais regulamentos relativos aos RCD. É por isso que a comunicação entre os níveis estatal, regional, local e de ação deve ser reforçada. Do mesmo modo, é necessário um plano integral para melhorar progressivamente a gestão dos RCD, uma vez que há várias áreas que têm de ser enfrentadas em primeiro lugar para alcançar o objetivo final, ou seja, a redução do consumo de recursos e da quantidade de resíduos gerados.

Palavras-chave: Resíduos de Construção e Demolição, Aterro Sanitário, Setor da Construção, Nível de Ação

Agradecimentos

Gostaria de expressar a minha mais sincera gratidão à minha família, Mariuxi e Mattias, que partilharam comigo esta experiência e a tornaram única e cheia de amor. Pela sua paciência e compreensão, dedico-lhes este esforço. Gostaria também de agradecer ao resto da minha família que me apoiou desde o primeiro dia e me encorajou a continuar, apesar da distância. Gostaria também de aproveitar esta oportunidade para exprimir a minha gratidão ao meu fantástico supervisor Barry Ness, que se esforçou ao máximo durante todo o processo e me ajudou a alcançar este produto final. Um agradecimento especial a todos os meus colegas do LUMES que fizeram desta jornada uma experiência memorável e, em particular, àqueles que podem ser chamados de meus amigos, 1 só espero que nossos caminhos se cruzem novamente...

Índice

Capítulo 1

1. Introdução

As actividades de construção têm um duplo impacto no ambiente: as actividades geram uma utilização excessiva de recursos naturais para produzir materiais de construção e os impactos ambientais associados aos resíduos gerados durante os processos de construção e demolição. Esta tese centrou-se na forma como as autoridades governamentais gerem os Resíduos de Construção e Demolição (RCD) na cidade de Guayaquil, no Equador, e na forma como as principais partes interessadas reagem às medidas governamentais relativas aos RCD. Guayaquil é a maior cidade do país e onde, nos últimos anos, a atividade de construção tem vindo a aumentar em resultado da revitalização e de novos projectos habitacionais. É por isso que esta pesquisa foi criada para obter uma melhor compreensão das razões por trás do comportamento dos atores na paisagem, e localizar onde estão as lacunas entre os diferentes atores durante a implementação e aplicação da legislação C&DW. Posteriormente, é possível abordar a questão de como reconectar essas lacunas, a fim de melhorar a forma como os RCD são geridos na cidade de Guayaquil.

1.1 Objectivos e questões de investigação

O objetivo desta investigação é aumentar a consciencialização e potencialmente atrair a atenção das autoridades governamentais e da sociedade, sobre a forma como os resíduos gerados nos estaleiros de construção em Guayaquil estão atualmente a ser tratados; apontando questões essenciais que precisam de ser corrigidas, a fim de melhorar progressivamente a gestão de RCD na cidade. Além disso, para o conseguir, é importante identificar e analisar as principais partes interessadas, as motivações para o seu comportamento e a que nível a legislação não está a ser reconhecida ou aplicada.

As questões de investigação específicas que serão exploradas neste estudo são as seguintes

- Como é que os actores do sector da construção em Guayaquil tratam os seus resíduos e se estão a agir de acordo com a legislação em vigor?

- A que níveis espaciais a legislação está a ser aplicada (ou não está a ser aplicada) pelas empresas de construção, empresas de recolha de resíduos e operadores de aterros?

- Que medidas devem ser estabelecidas para garantir que a legislação relativa à gestão dos resíduos sólidos urbanos e das águas residuais seja aplicada e cumprida pelos intervenientes sectoriais?

1.2 Estrutura da tese

O restante deste documento explorará as limitações e a base metodológica e teórica desta tese. A secção dois apresenta as definições e a relevância da gestão dos RCD e o contexto geográfico deste estudo. A secção três apresenta as principais partes interessadas e os níveis em que se situam. A secção quatro analisa a estrutura hierárquica do sistema de C&DW em Guayaquil e analisa os principais intervenientes que actuam na paisagem. A secção cinco discutirá o comportamento dos intervenientes em relação aos regulamentos estabelecidos e analisará a que níveis a legislação não é reconhecida. A secção seis fornecerá soluções potenciais para corrigir estas desconexões entre os diferentes níveis com o objetivo de melhorar a forma como os RCD são atualmente geridos na cidade de Guayaquil. A secção sete descreve a relação entre o caso de Guayaquil e o paradigma da Ecologia Industrial. Finalmente, as secções oito e nove apresentarão as conclusões e recomendações, respetivamente.

1.3 Base metodológica

A escolha da investigação qualitativa deve-se ao facto de não existirem dados estatísticos ou quantitativos oficiais sobre os resíduos no Equador e, segundo Bryman (2004, p. 266), "este tipo de investigação tende a preocupar-se mais com palavras do que com números". Além disso, este estudo é sobre os actores e os seus comportamentos em relação à legislação sobre RCD; é por isso que faz mais sentido adotar a posição ontológica conhecida como construcionista, uma vez que reconhece o facto de que "as propriedades sociais são resultados das interações entre indivíduos, em vez de fenómenos exteriores e separados dos envolvidos na sua construção". De acordo com esta teoria, a forma como os RCD estão a ser geridos em Guayaquil é uma consequência das interações entre as diferentes partes interessadas.

Além disso, segundo esta abordagem construcionista, "os fenómenos sociais e os seus significados estão continuamente a ser realizados pelos actores sociais" e os fenómenos sociais não são apenas produzidos pela interação social, mas estão em constante revisão (Bryman 2004, p. 17). Consequentemente, o investigador também está incluído, uma vez que as suas próprias versões do mundo social também são construções. É importante ter consciência deste facto, uma vez que o material apresentado é apenas uma versão da realidade social (ibid). No entanto, não é só o investigador que cai nesta situação, uma vez que os seus inquiridos também darão a sua própria versão, influenciada pelo seu contexto e realidades, tal como Mikkelsen (2005, p. 137) explica; os conjuntos de respostas dadas são, em todos os casos, construções humanas, pelo que são todas invenções da mente humana e, por conseguinte, sujeitas a erro humano. Este facto deve ser tido em conta ao recolher os dados e entrevistar as diferentes partes interessadas, uma vez que estas apenas fornecerão a sua própria versão dos acontecimentos actuais, influenciada pelo seu contexto e situação particulares. O mesmo se pode aplicar ao autor durante a análise da informação, uma vez que também ele estará a dar o seu próprio ponto de vista.

Além disso, segundo Yin (1994, p. 6), existem três condições para a escolha de uma determinada estratégia de investigação: o tipo de pergunta de investigação, o controlo que o investigador tem sobre os acontecimentos comportamentais reais e o grau de concentração nos acontecimentos contemporâneos em oposição aos históricos. Nesta investigação, a principal questão de investigação é a seguinte *Como é que os actores do sector da construção tratam os seus resíduos? E estão a agir de acordo com a legislação em vigor?* conduzirá, de acordo com Yin, à utilização de estudos de caso, uma vez que "este tipo de questões lida com ligações operacionais que precisam de ser rastreadas ao longo do tempo, em vez de meras frequências ou incidências" (ibid). Além disso, este estudo centra-se no caso particular da gestão de RCD na cidade de Guayaquil, que é um acontecimento contemporâneo e onde o investigador não tem qualquer controlo sobre os acontecimentos comportamentais (ibid). Estas condições, para além do tipo de questão de investigação, são as razões pelas quais o autor escolherá um estudo de caso em vez de outros tipos de estratégias de investigação.

Além disso, devido à falta de informação e de registos oficiais relativos à gestão de resíduos, o principal método de recolha de dados foi a realização de entrevistas semi-estruturadas presenciais a indivíduos envolvidos no sector da construção, na gestão de RCD e a funcionários públicos. De acordo com Bryman (2008, p.196), neste tipo de entrevistas, o investigador pode variar a sequência da pergunta e ter mais espaço para fazer mais perguntas, dependendo da resposta dos entrevistados, o que é muito conveniente neste caso, uma vez que a intenção do autor era obter o máximo de informação possível dos actores que lidam com as questões dos resíduos, sem ter a restrição imposta por outros formatos.

Além disso, as entrevistas foram feitas a pessoas que trabalham ao nível da tomada de decisões, descendo a cadeia através das autoridades locais até chegar aos actores ao nível da ação[1] onde a legislação deve ser implementada (fig. I). Na maioria dos casos, as entrevistas foram feitas a pessoas que trabalham a nível executivo nas empresas, uma vez que são elas que têm o poder de aplicar ou não a legislação atual ou de promover a implementação de novas estratégias para a gestão dos seus RCD (ver Apêndice A). No entanto, é importante salientar que as pessoas envolvidas no sector da construção se mostraram muito relutantes em falar sobre a forma como gerem os seus resíduos, uma vez que algumas delas estão a infringir os regulamentos expressos na legislação. É por isso que a observação e a experiência do autor no sector da construção foram um trunfo importante para a recolha de dados. Foi também efectuada uma revisão da literatura. A literatura utilizada foi constituída por publicações sobre a cidade de Guayaquil, estatísticas sobre a atividade de construção e documentos legais sobre a gestão de resíduos. Para além disso, foram também utilizados artigos científicos relacionados com a gestão de RCD, estratégias para reduzir o volume de RCD, métodos de investigação e literatura sobre ecologia industrial.

1.4 Âmbito de aplicação e limitações

Devido a limitações de tempo e duração, esta investigação centrar-se-á nos impactos ambientais resultantes de uma gestão inadequada dos RCD durante o processo de construção ou no final da vida útil de um edifício. No entanto, alguns actores envolvidos na produção de materiais de construção também foram incluídos durante as entrevistas apenas com o objetivo de descobrir como o sector da construção e a sua intensificação afectaram a sua produção. Além disso, o foco geográfico será limitado à cidade de Guayaquil porque é a maior cidade do Equador e é onde a atividade de construção é atualmente mais intensa, apesar da atual crise económica. Algumas outras limitações são a falta de dados disponíveis sobre os volumes de resíduos, incluindo os RCD, e a desconfiança de algumas empresas em fornecer informações sobre a sua produção e gestão de resíduos. Além disso, esta

---

[1] O nível de ação refere-se à paisagem. Segundo Hagerstrand, é onde se podem observar os efeitos e os potenciais efeitos secundários [ou seja, da legislação] (Hagerstrand T., 2001 p. 37).

investigação não analisará os prós e os contras da aplicação de estratégias para a redução dos RCD, nem aprofundará as estratégias existentes (ou seja, desconstrução, agregados reciclados, demolição selectiva, etc.) e a sua aplicabilidade a este estudo de caso.

1.5 Base teórica

1.5.1 Ecologia industrial e relações com a gestão dos resíduos de C&D.

O conceito de Ecologia Industrial (EI) baseia-se na noção de que a sociedade se tornará mais sustentável se adoptarmos os princípios originários da natureza (Bohne, 2005 p. 10). Um desses princípios é o facto de os resíduos produzidos por um indivíduo se tornarem um recurso valioso para outro (Bohne, 2005 p. 10, Frosch e Gallopoulos, 1989 p. 144). Consequentemente, o conceito de resíduos, tal como o conhecemos, não existe no sistema natural (Bohne, 2005 p. 10).

Além disso, de acordo com Frosch e Gallopolus (1989), que popularizaram a ideia de IE, propõem este conceito como uma mudança do modelo industrial tradicional. Neste modelo (tradicional), os recursos são utilizados para produzir novos produtos que não só produzem resíduos durante o processo de produção, como os próprios produtos se tornam resíduos no fim da sua vida (Korhonen, 2001 p. 58, Erkman e Ramaswamy, 2003 p. 4). A nova abordagem de Frosch estabeleceu uma analogia com um ecossistema biológico, em que as plantas sintetizam nutrientes que alimentam os herbívoros, que por sua vez alimentam uma cadeia de carnívoros cujos resíduos e corpos acabam por alimentar outras gerações de plantas. (Frosch e Gallopoulos, 1989, p. 144). No entanto, apesar de reconhecerem as imperfeições da analogia, "muito poderia ser ganho se o sistema industrial imitasse as melhores caraterísticas da analogia biológica" (Frosch in Erkman e Ramaswamy, 2003 p.4).

Além disso, de acordo com Korhonen (2001), a metáfora da IE é geralmente entendida como um produto circular, uma vez que o ecossistema é um mestre da reciclagem e da energia em cascata. É por isso que, em teoria, uma aplicação bem sucedida desta analogia a um sistema industrial pode reduzir a utilização de matérias-primas e de energia. Consequentemente, com a implementação de uma abordagem de produção circular, a quantidade de resíduos e a carga ambiental das actividades industriais também serão reduzidas (Korhonen, 2001, p. 58). Esta ideia de produção circular, em que os resíduos nunca são eliminados, mas sim utilizados como matéria-prima nos processos industriais, pode estar relacionada com o desenvolvimento de novas estratégias para melhorar a forma como os RCD são tratados. Um exemplo é o conceito de ciclo fechado de construção que, segundo Mulder et al. (2007, p. 1408), transforma o edifício antigo numa fonte de novos materiais de construção para continuar a alimentar as actividades do sector da construção. Segundo esta abordagem, a fração combustível dos RCD é utilizada para alimentar um processo térmico no qual o conteúdo mineral dos materiais de construção recuperados é separado para produzir novos materiais como o betão e a alvenaria (ibid). Consequentemente, nada é desperdiçado e todos os elementos existentes nas edificações são reutilizados. Algumas outras estratégias, como a desconstrução e a demolição selectiva, que recuperam alguns materiais encontrados nos edifícios no final da sua vida útil antes de os colocar nos aterros (Thormark, 2003 p. 7) e a produção de agregados reciclados a partir de betão demolido (Akash, et al, 2006 p. 74), podem ser associadas à ideia de fechar os ciclos de materiais presentes na Ecologia Industrial (Erkman e Ramaswamy, 2003 p. 8).

Aqui (sob o paradigma da IE), os RCD já não são vistos como resíduos e colocados diretamente nos aterros, mas tornam-se uma importante fonte de material (substituindo a utilização exclusiva de materiais virgens) para gerar novos produtos. É assim que o sector da construção se torna um sistema em que os seus próprios resíduos fornecem o material necessário para continuar a alimentar os seus processos. No entanto, como referem Erkman & Ramaswamy (2003), é importante melhorar o funcionamento do sistema, uma vez que, enquanto este sistema de ciclo fechado não continuar a utilizar combustíveis fósseis como principal fonte de energia, continuará a contribuir para a produção de resíduos provenientes de processos de combustão.

1.5.2 Escala e hierarquias

Outra base desta tese é a escala e as hierarquias. Gibson (2000, p. 218) define escalas como as dimensões espaciais, temporais, quantitativas ou analíticas utilizadas para medir e estudar qualquer fenómeno. A utilização da escala torna-se importante na análise das interações a diferentes níveis, uma vez que os problemas complexos compreendem múltiplas dimensões espaciais e temporais (ibid). Uma caraterística que pode ser associada às escalas e que é útil para estruturar áreas problemáticas é a utilização de hierarquias. Segundo Gibson, este sistema hierárquico pode ser utilizado para agrupar diferentes fenómenos ao longo de uma determinada escala definida. Além disso, a abordagem de Hagerstrand (2001) de domínios espaciais aninhados é utilizada para representar as interações entre diferentes intervenientes situados a diferentes níveis. Por outro lado, os níveis, de acordo com Gibson (2000, p. 219), referem-se a localizações ao longo da escala. Esta ferramenta multinível (domínios espaciais aninhados) é utilizada para situar a tomada de decisões de topo ao nível macro, comunicando com os actores ao nível micro, onde as decisões são implementadas (Hagerstrand, 2001, p. 37). Com esta abordagem, "os responsáveis pelas regras nos domínios superiores são responsáveis pela regulamentação de conjuntos selecionados de condições e acções nos domínios inferiores, até ao nível das acções na paisagem" (Hagerstrand, 2001, p. 39). Em termos simples, isto significa que um grupo estabelece as regras que o outro grupo tem de seguir. Por exemplo, uma ordem simplificada seria o Estado no nível superior, depois a província, o governo local e, finalmente, o nível de ação (Hagerstrand, 2001, p. 38).

Os problemas surgem quando a escala espacial em que os níveis se encontram começa a crescer, o que também aumenta a distância cognitiva e geográfica entre aqueles que formulam os objectivos de gestão e aqueles que têm de agir de acordo com eles (Hagerstrand, 2001 p. 36). Segundo Hagerstrand, o principal problema é a diferença entre a natureza abstrata do discurso a nível macro e a realidade concreta a nível micro (Hagerstrand, in Buttimer, 2001 p. 45). Este desfasamento entre estes dois níveis deve-se à visão panorâmica do mundo de quem escreve e toma as decisões, que por vezes não tem em conta a realidade de quem tem de cumprir (Hagerstrand, 2001 p. 36).

Capítulo 2

2. Antecedentes

2.1 Definições: O que são os resíduos de construção e demolição?

Os RCD são os detritos gerados como resultado do processo de demolição e construção. Os fluxos de RCD representam um problema ambiental relevante devido à quantidade de resíduos gerados e ao consumo de recursos em grande escala (Miliute e Staniskis 2006 p. 42). Além disso, de acordo com Kourmpanis et al. (2008), os RCD podem ser definidos tendo em conta as suas origens e podem abranger uma vasta gama de materiais, por exemplo:

- Resíduos resultantes da demolição total ou parcial de edifícios. Os materiais mais comuns são o solo, a gravilha, o betão, a cerâmica, os revestimentos, os tijolos, etc.

  Resíduos resultantes da construção de edifícios e/ou de infra-estruturas civis. Podem ser de betão, madeira, plástico, tijolos, telhas, etc.

  Resíduos resultantes de escavações e nivelamentos de terrenos. São constituídos por solo, rochas, argila e vegetação

- Resíduos produzidos na construção e manutenção de estradas. Inclui asfalto, areia, cascalho e metais.

De acordo com Aguilar (1997), os materiais encontrados nos RCD que podem ser úteis são classificados como

- *Materiais reutilizáveis:* Trata-se de materiais recuperados em bom estado, por exemplo, madeira ou aço estrutural de alta qualidade e peças manufacturadas como tijolos, blocos de betão e telhas (telhado, pavimento). Também material de escavação ou betão demolido, isento de impurezas, que pode ser utilizado diretamente como material de sub-base na construção de estradas.

- *Materiais recicláveis:* Estes materiais (metais, vidros, plásticos, etc.) podem ser reincorporados no mercado da reciclagem, desde que não contenham impurezas, e podem ser utilizados para produzir os mesmos produtos ou produtos semelhantes que deram origem aos resíduos.

- *Materiais utilizados para a produção de produtos secundários:* Para além do vidro, do plástico e dos metais que também podem ser utilizados para este fim, são principalmente os materiais de pedra, cerâmica e betão que podem ser utilizados para o fabrico de produtos secundários.

Para recuperar os RCD, é importante conhecer algumas das estratégias disponíveis. Uma estratégia é a desconstrução, que é uma alternativa à demolição normal em que todos os RCD são enviados diretamente para o aterro. Em contraste, a abordagem de desconstrução classifica os diferentes materiais nos RCD, separando os materiais perigosos daqueles que podem ser reutilizados ou reciclados (Thormark, 2003 p. 6-7); o restante é então enviado para o aterro. Outra alternativa é a produção de agregados reciclados. Estes são obtidos a partir de betão demolido, elementos pré-fabricados e cubos de ensaio. Para obter agregados reciclados é necessário triturar o betão demolido, de modo a obter agregados que possam ser utilizados na produção de betão novo (Rao et al, 2006 p. 74). Embora estas estratégias sejam contributos importantes para uma redução do consumo de matérias-primas pelo sector da construção, existem também alguns efeitos negativos devido à utilização adicional de energia necessária para transformar alguns dos RCD em novos produtos. No entanto, esta abordagem também pode ser defendida, devido à redução da produção de novos produtos e à consequente diminuição da utilização de energia (Aguilar, 1997 p. 1).

2.2 Porque é que é importante lidar com a C&DW?

O sector da construção é um importante gerador de emprego e é essencial para o desenvolvimento económico das nações. No entanto, apesar dos benefícios para o desenvolvimento social e económico, o sector tem graves impactos no ambiente. Este sector utiliza uma grande quantidade de materiais virgens e energia durante os processos de construção. Para além disso, são gerados resíduos durante o processo de construção e após o fim da vida útil dos edifícios.

Nalguns países da Europa, onde é mais comum ter uma abordagem estratégica das questões ambientais, há por vezes escassez de matérias-primas necessárias para os produtos de construção, especialmente de agregados. Esta é uma das razões pelas quais estes países lideram em matéria de regulamentação relativa aos RCD. Consequentemente, a implementação dos três Rs (ou seja, reduzir, reutilizar e reciclar) nas suas políticas de gestão de resíduos é comum (Aguilar, A. 1997 p. 1). No entanto, o cenário na América Latina e nas Caraíbas é diferente. Nestes países, são produzidas diariamente 424.000 toneladas de resíduos, das quais cerca de dois terços, ou seja, 275.000 toneladas, acabam em lixeiras a céu aberto e nos rios (Monge, 2009 p. 1). É por esta razão que o autor escolheu estudar o caso de Guayaquil, uma grande cidade no contexto latino-americano. Este caso permitirá que as pessoas a nível de decisão nestes países tenham uma melhor compreensão das razões por detrás das deficiências na gestão dos RCD.

2. 3Guayaquil, Equador

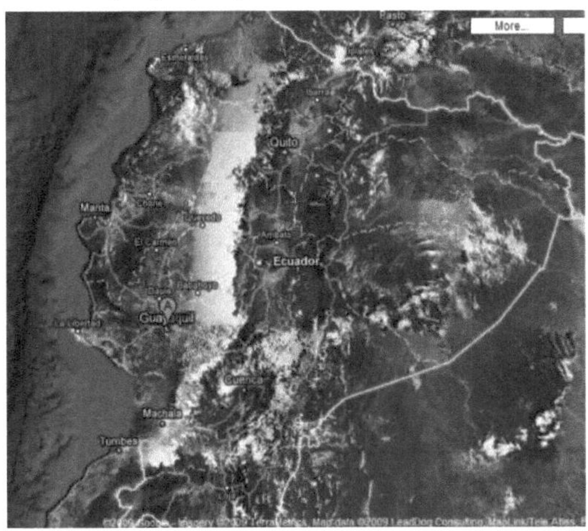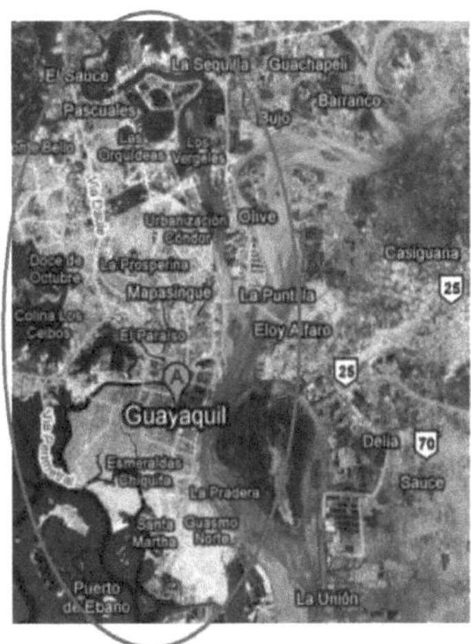

Fig. I: [esquerda] Equador e a localização de Guayaquil, [direita] A área urbana de Guayaquil e o rio Guayas. Fonte: Googlemaps (http://maps.google.com)

A cidade de Guayaquil está localizada na região costeira do Equador (Fig. I). Santiago de Guayaquil (nome oficial da cidade) é a capital da província de Guayas (Município de Guayaquil, 2009). A cidade tem uma população de 2.040.000 habitantes (INEC, 2001) e 172,8 km^2 de terra urbanizada (Município de Guayaquil e ONU, 2002 p. 13). Além disso, Guayaquil é o centro económico e a maior cidade do Equador (UN-Habitat, 2009). Devido a estas posições, Guayaquil atrai pessoas de outras províncias, que se deslocam para a cidade à procura de formas de melhorar a sua situação financeira. É por isso que a cidade tem uma população flutuante total de 3.329.000 pessoas, ou seja, cerca de 1,3 milhões de pessoas a mais do que os números oficiais (Município de Guayaquil, 2009).

O rápido crescimento urbano exerceu uma enorme pressão sobre as infra-estruturas das cidades. A tendência crescente da migração humana para as cidades influencia o crescimento urbano e a necessidade de criar espaço para os recém-chegados. Isto reflecte-se nas actividades do sector da construção, que têm vindo a crescer nos últimos anos (The Universe journal, 2008). Como se pode observar na Fig. 11, há um claro aumento da quantidade de construção nos últimos anos. Em apenas seis anos (entre 2000 e 2006), o número de licenças quase triplicou. Consequentemente, esta intensificação gera consequências ambientais. Uma das mais importantes é a quantidade de resíduos gerados pelo sector da construção.

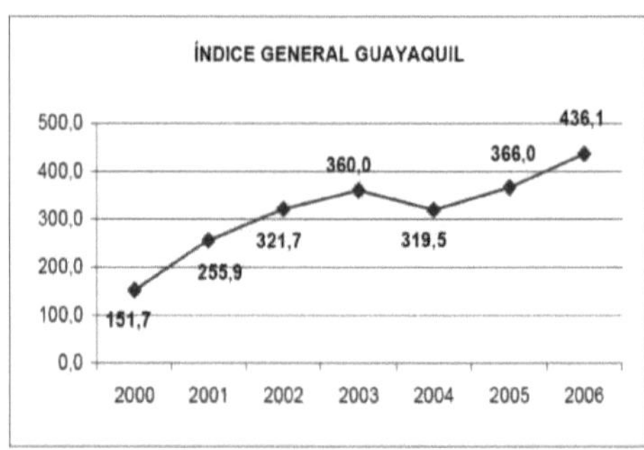

Fig. II: Evolução da atividade de construção na cidade de Guayaquil entre os anos 2000 e 2006. A figura mostra o número de licenças (eixo Y), ao longo dos diferentes anos (eixo X) Fonte: INEC, 2009 [Instituto Nacional de Estatística e Censos]

Capítulo 3

3. As principais partes interessadas

Um processo importante é a identificação das partes interessadas importantes que lidam com os RCD a diferentes níveis; por exemplo, os decisores a nível governamental estabelecem as regras, passando por todos os níveis até chegarem aos actores que reagem a estas operações de gestão. A *nível estatal*, o principal instrumento jurídico do Governo Central é a Constituição equatoriana, que inclui no seu texto principal tanto questões de gestão de resíduos como aspectos de proteção ambiental. Existe também o Ministério do Ambiente, que se ocupa mais especificamente das questões relacionadas com os resíduos sólidos, utilizando para o efeito o Texto Único, onde são colocadas as regras e as responsabilidades das autoridades locais.

É importante notar que o nível regional (Governo Provincial de Guayas) não desempenha qualquer papel relevante no que respeita aos RCD ou a outros tipos de resíduos. É incluído na análise do sistema apresentada nas secções seguintes porque pode fazer parte dos problemas relacionados com a gestão dos RCD. Além disso, o *nível do Governo Local* é representado pelo Município de Guayaquil. Este município implementou em 2006 uma portaria para lidar com os resíduos produzidos pelo sector da construção - *a portaria de gestão de entulho da cidade de Guayaquil*. Este é o principal instrumento que regula as actividades do sector da construção. A seguir na hierarquia está o *nível de Ação* em que um dos seus intervenientes, o Aterro Sanitário "Las Iguanas", recebe todos os resíduos não perigosos de Guayaquil. Este é o único local autorizado pelo município para a deposição de resíduos. Posteriormente, a empresa de recolha de resíduos "Vachagnon" é a responsável pela recolha de todos os resíduos produzidos na cidade e pelo seu encaminhamento para o aterro sanitário. Contratados pela Câmara Municipal de Guayaquil, transportam todos os resíduos que são colocados no Aterro Sanitário "Las Iguanas", com exceção da fração de RCD. Esta última deve ser transportada diretamente pelos produtores de resíduos.

Também ao nível do ator estão as empresas de construção; existem várias empresas de construção a trabalhar na cidade, uma destas empresas é a Corporação Internacional Inmobiliare. Esta grande empresa concebe e desenvolve projectos de habitação para os habitantes de Guayaquil; como resultado, contribui com uma quantidade considerável para os RCD de Guayaquil. Além disso, dois construtores privados (empreiteiros independentes) também foram incluídos nas entrevistas para descobrir se havia uma diferença na forma como as empresas de grande e pequena dimensão lidam com os RCD. As Empresas de Transporte de RCD são outro grupo que deve ser considerado, pois são elas que manuseiam e transportam os RCD para o Aterro Sanitário. Este grupo é composto por empresas que transportam os RCD gerados nos canteiros de obras para os diferentes locais autorizados e não autorizados para sua colocação final.

Na cidade de Guayaquil, as actividades de reciclagem são muito pouco frequentes. Não existem unidades de tratamento de RCD e apenas existe reciclagem de materiais como o plástico, o vidro, o papel e os metais, mas esta é efectuada de forma informal. Na cidade, as pessoas vasculham o lixo, recuperando materiais que depois vendem a empresas como a REIPA (uma empresa de reciclagem local). Finalmente, há as empresas de materiais de construção, neste caso a empresa ALFADOMUS foi escolhida por ser uma das mais importantes empresas do país na produção de materiais de construção e um dos principais fornecedores para os projetos de revitalização que estão sendo executados na cidade de Guayaquil.

Tabela I: Principais partes interessadas e seus papéis em relação à gestão de C&DW na cidade de Guayaquil. A tabela resume as principais responsabilidades das diferentes partes interessadas em relação aos RCD.

STAKEHOLDER	RESPONSIBILITY	OBSERVATIONS
Central Government	Provides general policies for the proper management of resources and sustainable development.	Main Legal Instrument is the Ecuadorian Constitution. At this level regulations are very general.
Ministry of Environment	Establish the general legislation concerning solid waste management in the entire country.	Main Legal Instrument is the Unified Text. Here the legislation starts to be more specific and set more specific responsibilities regarding waste management.
Government of the Guayas Province	They are not involved in the management of waste.	
Municipality of Guayaquil	Establish the legislation for the management of the C&DW in the city. Their different departments have to implement and enforce the ordinances.	Main Legal Instrument is the Rubble Management Ordinance for the city of Guayaquil.
Construction Companies	The construction companies need to fulfill all the requirements regarding C&DW established by the Municipal Ordinances.	Three companies interviewed (one big size and two small size)
Waste Collection Company "Vachagnon"	They are in charge of the collection of the non-hazardous waste in the entire city.	They do not handle C&DW or hazardous waste.
C&DW Collection Company	They are hired directly by builders and developers. They collect the C&DW and transport it to Sanitary Landfill.	One company was interviewed. They were the most difficult group to access.
Sanitary Landfill "Las Iguanas"	Is the only authorized place by the Municipality, in which the C&DW and non-hazardous waste can be place.	
Building Material Company	Provides the construction sector with building materials.	Two companies were selected, Alfadomus and San Luis Quarry
Recycling Company	There are not recycling plants handling C&DW in Guayaquil. However, for other materials (i.e. plastic, glass, and paper) there are some companies buying from informal collectors this type of materials.	One company was interviewed. REIPA

Capítulo 4

4. Análise e discussão: A Estrutura Hierárquica do Sistema de Resíduos de Construção e Demolição em Guayaquil

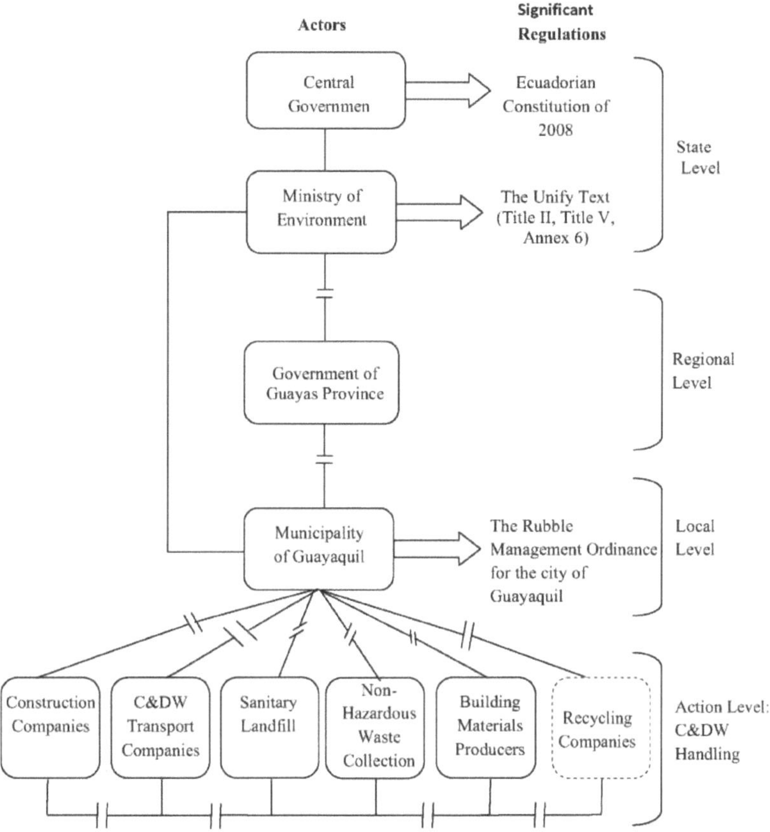

Figura III: A Estrutura Hierárquica do Sistema de Resíduos de Construção e Demolição em Guayaquil. A figura mostra os principais actores a diferentes níveis, e os seus instrumentos legais que influenciam a forma como os RCD são geridos na Paisagem. Também é possível observar as desconexões, representadas pelas linhas quebradas, entre os diferentes níveis e dentro dos actores.

A figura III mostra os principais actores nos diferentes níveis do sistema. No topo estão o Governo Central e o Ministério do Ambiente; apesar de estarem ao mesmo nível *(Nível do Estado)*, têm instrumentos legais diferentes, sendo a Constituição equatoriana a principal legislação e prevalecendo sobre qualquer outra. Abaixo está o Governo da Província de Guayas, que é contornado pelo Ministério do Ambiente, que atribui toda a responsabilidade pela gestão dos resíduos sólidos aos Municípios (isto está estabelecido no Texto Unificado e será discutido nas secções seguintes). Esta questão é representada pelas linhas laterais e também pelas linhas quebradas, que representam as desconexões entre o *Estado* e o *Nível Regional.* Segue-se o *Nível Local,* onde o Município de Guayaquil, através da Portaria de Gestão de Entulho da cidade de Guayaquil, regula as actividades das pessoas que manuseiam os RCD no *Nível de Ação,* e onde ocorre a maioria das desconexões. Aqui é possível observar desconexões entre as autoridades locais *(Nível Local)* e os intervenientes no *Nível de Ação.*

4.1 Interações de nível de ação

4.1.1 A empresa de construção

Para entender como a legislação influencia o comportamento das empresas de construção, os resultados das entrevistas forneceram informações. Uma das entrevistas foi feita ao diretor de planeamento da fnmobiliare International Corporation; nesta empresa, os RCD têm dois destinos: a fração pedregosa é utilizada como material de base para nivelar o terreno, e o resto é enviado pelos camiões de resíduos contratados (Comunicação pessoal, Entrevistado 10). Para reduzir o custo da utilização de madeira em excesso, costumam utilizar cofragens metálicas que podem ser reutilizadas várias vezes durante a construção das casas, em vez de as deitarem fora passado pouco tempo, como acontece com as cofragens de madeira. De acordo com o entrevistado, uma das estratégias implementadas pela empresa para reduzir o volume de entulho foi o projeto modular. Neste caso, a casa concebida era proporcionada tendo em conta o número exato de blocos de betão necessários para construir as paredes. Esta abordagem tinha como objetivo reduzir a quantidade de material desperdiçado durante o processo de construção (ibid).

Os problemas, no entanto, começaram quando o fornecedor de blocos de betão não entregou o conjunto completo de materiais necessários para a conceção modular. Normalmente, tratava-se das peças chamadas "trabas", que são os blocos de betão com metade do tamanho de um bloco normal, utilizados no final das paredes. Por isso, estavam sempre a partir os blocos ao meio para substituir os elementos em falta quando a entrega estava incompleta. Este facto acabou por fazer com que abandonassem a ideia da conceção modular (Comunicação pessoal, Entrevistado 10). Além disso, os RCD são enviados para fora nos camiões contratados para esta tarefa. No entanto, quando o entrevistado foi questionado sobre as medidas tomadas para garantir que os materiais transportados chegam ao Aterro Sanitário "Las Iguanas", a sua resposta foi que não têm nada a ver com isso. A decisão sobre o destino dos RCD depende da decisão do motorista. Eles (empresa de construção) não especificam ao condutor do camião onde os resíduos devem ser colocados nem perguntam se os seus camiões estão autorizados pelas autoridades locais a prestar o serviço de transporte de resíduos. Este facto viola claramente o regulamento municipal relativo à gestão de entulho na cidade de Guayaquil. É importante salientar que, durante a entrevista, o construtor mencionou que não conhecia a *Portaria de Gestão de Entulhos da cidade de Guayaquil.* O facto de ele não aceitar a responsabilidade pela forma como os resíduos são tratados depois de deixarem o local de construção confirma isto.

Além disso, atualmente não existe formação dos trabalhadores da construção civil sobre estratégias para reduzir os RCD, apesar de a empresa de construção estar interessada e considerar que este é um assunto importante que precisa de ser abordado. Para além disso, também estão dispostos a incluir materiais reciclados nas suas construções, se estes estiverem disponíveis (Comunicação pessoal,

Entrevistado 10). Relativamente aos controlos efectuados pelo Município, o entrevistado referiu que apresentaram toda a documentação necessária, incluindo a forma como os resíduos iriam ser geridos. Tiveram de o fazer para obter as licenças de construção da Câmara Municipal de Guayaquil. No entanto, depois de concluída esta fase, não foi efectuada qualquer inspeção aos seus estaleiros de construção. As autoridades locais não verificaram se o que estava declarado neste documento relativamente aos resíduos e a outras medidas ambientais foi efetivamente implementado (comunicação pessoal, Entrevistado 10).

4.1.2 Empresa de recolha de resíduos (Vachagnon)

O Consórcio Vachagnon é o único prestador de serviços de recolha na cidade de Guayaquil. Os seus camiões transportam todos os tipos de resíduos para o Aterro Sanitário de Las Iguanas, exceto os resíduos perigosos e os RCD, que têm de ser transportados diretamente por camiões privados (Comunicação pessoal, Entrevistado 5). De acordo com o administrador do Aterro Sanitário, só recebem resíduos não perigosos, no entanto, ao falar com o chefe de operações de Vachagnon, este referiu que, em alguns casos, também recolhem e transportam resíduos bioquímicos para o Aterro Sanitário "Las Iguanas". Isto acontece porque, embora exista uma empresa chamada GADERE que recolhe e incinera este tipo de resíduos (perigosos), não cobre todos os hospitais e laboratórios existentes na cidade (Comunicação pessoal, Entrevistado 5). Além disso, a empresa Vachagnon apenas recolhe os resíduos e deposita-os no aterro sanitário, mas não efectua qualquer tipo de triagem dos resíduos; ou tem compartimentos adicionais dentro dos camiões para transportar os resíduos triados. Também não disponibiliza qualquer tipo de espaços de armazenamento onde as pessoas possam colocar os seus resíduos domésticos triados ou qualquer tipo de resíduos, incluindo os resíduos de C&D, nos estaleiros de construção.

4.1.3 Empresa de reciclagem

Na cidade de Guayaquil, a atividade de reciclagem é bastante reduzida. Existem poucas empresas que recolhem elementos de resíduos e depois os vendem como matérias-primas. Infelizmente, isto só acontece com alguns artigos, mas não com materiais de construção ou demolição. Entre as empresas que se dedicam a esta atividade (recuperação de materiais recicláveis) encontra-se a REIPA, que é uma das mais importantes devido ao volume de resíduos que trata. Os materiais recicláveis são recolhidos por pessoas dedicadas a esta atividade (trabalhadores informais que vivem desta atividade), que recolhem os materiais dos contentores de lixo situados nas ruas.

4.1.4 Aterro Sanitário "Las Iguanas "

Até 1993, a cidade não dispunha de um local para tratar tecnicamente os resíduos sólidos. A maior parte dos resíduos, 63,7%, era depositada na lixeira municipal de "San Eduardo". A restante fração era queimada [9,5%] ou colocada ilegalmente em terrenos baldios e estuários [4,4%] (Município de Guayaquil e ONU, 2002 p. 42). Em 1994, a Câmara Municipal de Guayaquil criou o Aterro Sanitário "Las Iguanas" como resposta aos problemas sanitários, sociais e ambientais decorrentes do funcionamento da lixeira municipal "San Eduardo". O consórcio 1LM é responsável pela administração e está sob a supervisão das autoridades locais que controlam o cumprimento dos requisitos estabelecidos no contrato com o administrador (Comunicação pessoal, Entrevistado 6). Além disso, no ano 2000, 94% de todos os resíduos sólidos foram depositados no Aterro Sanitário.

No entanto, a percentagem que é reciclada é ainda muito baixa, 1,3%; o resto é queimado a céu aberto (Município de Guayaquil e ONU, 2002 p. 12). Embora a situação tenha vindo a melhorar na cidade de Guayaquil, ainda há uma grande quantidade de resíduos que vão diretamente para o aterro sanitário sem qualquer tipo de recuperação.

O ft é considerado um "Aterro Sanitário" porque, de acordo com o chefe de enchimento de terras, é um local onde são tomadas várias medidas para evitar problemas ambientais, sociais e económicos. Esta medida é incorporada no planeamento e seleção do local e na vigilância e controlo durante as operações e o encerramento da instalação (Comunicação pessoal, Entrevistado 6). O Aterro Sanitário ocupa-se dos resíduos domésticos e inertes, colocando-os em secções separadas. Para o primeiro grupo são colocados equipamentos especiais para tratar os gases e líquidos gerados pelos resíduos orgânicos. Mas tudo isto é depois omitido para a fração inerte (Comunicação pessoal, Entrevistado 6). O Aterro Sanitário já tem em depósito 8.000.0000 toneladas de resíduos desde que começou a funcionar em 1994, enchendo as secções A e C do aterro. Até ao momento, a secção D, que ainda está a ser preenchida, tem 2.300.000 toneladas de resíduos domésticos e a secção B-B', que recebe a fração inerte (incluindo RCD), tem 1.100.000 toneladas até ao momento. Para além disso, todos os dias entram no Aterro Sanitário cerca de 2.750 toneladas de resíduos. Aqui (Aterro Sanitário) chegam os resíduos domésticos recolhidos pelo Consórcio Vachagnon, a empresa privada que presta o serviço de recolha de resíduos na cidade de Guayaquil. Os outros tipos de resíduos, como os de Construção e Demolição, devem ser entregues por camiões particulares contratados por construtores ou outros geradores (ibid).

Além disso, o Consórcio Vachagnon não recolhe entulho; apenas em casos especiais em que é contratado pela Câmara Municipal para limpar lixeiras clandestinas (Comunicação pessoal, Entrevistado 6).

Em alguns casos, os construtores utilizam rios, mangais, florestas ou outros locais não autorizados para se livrarem dos seus resíduos de construção (Comunicação pessoal, Entrevistado 2). Os camiões contratados pelos construtores que chegam ao aterro sanitário devem ser apenas os autorizados pelo Município de Guayaquil, de acordo com a *Portaria de Gestão de Entulho da cidade de Guayaquil* (Município de Guayaquil, 2006 p. 5). No aterro, os camiões têm de pagar uma taxa de 4,00 USD por tonelada métrica para poderem colocar os seus RCD no aterro (Comunicação pessoal, Entrevistado 6). É também importante referir que os RCD que chegam ao Aterro Sanitário são diretamente colocados no aterro sem qualquer tipo de recuperação de materiais para reutilização ou reciclagem (Comunicação pessoal, Entrevistado 6). O mesmo acontece com outros materiais como plásticos, vidro, cartão, papel e metais. Para além disso, prevê-se que o Aterro Sanitário atinja o seu limite em 2016. Por esta razão, o Município de Guayaquil está a preparar um projeto para expandir o aterro, permitindo-lhe funcionar até ao ano 2030 (Comunicação pessoal, Entrevistado 6).

4.1.5 Transportadores de RCD

Esta empresa trabalha com várias das mais importantes empresas de construção da cidade. Prestam o serviço de fornecimento de materiais de construção (ou seja, agregados) e o transporte de RCD para o aterro. Embora tenha sido extremamente difícil obter acesso às informações mais importantes devido à relutância dos entrevistados em discutir o tema da gestão de resíduos, foram obtidas algumas informações. Na maioria das vezes, eles (transportadores de RCD) têm manuseado os RCD de forma inadequada, colocando-os em locais não autorizados, de acordo com o entrevistado. Ultimamente, os controlos municipais têm vindo a aumentar, o que os obrigou a alterar as suas práticas (Comunicação pessoal, Entrevistado 14). A capacidade dos seus camiões é de 9 m3 e cobram entre 25 e 28 dólares para enviar os resíduos para o Aterro Sanitário se a obra estiver localizada no Norte da cidade. Se for no Sul, o preço aumenta para US$ 40,00 (ibid). Além disso, no Aterro Sanitário, o construtor precisa pagar uma taxa (US$ 4 por tonelada métrica). Essa pode ser uma das razões pelas quais as construtoras tentam reduzir seus custos enviando seus RCD para outros locais que não o Aterro Sanitário.

4.1.6 Empresa de materiais de construção

4.1.6.1 Alfadomus

Esta empresa produz materiais de construção em argila. Os seus produtos são compostos por tijolos, paralelepípedos, blocos, telhas e pavimentos, etc. A única matéria-prima que utilizam é a argila e, atualmente, a percentagem de resíduos produzidos durante o processo de produção é de 2%. Esta percentagem é constituída por argila cozida que não pode ser reinserida no processo e é colocada dentro dos locais de extração para os encher (Comunicação pessoal, Entrevistado 7). Na entrevista com o executivo da Alfadomus, afirma-se que é mais dispendioso reintroduzir o material desperdiçado no processo do que adicionar mais argila (material virgem). Isto porque, para reutilizar o resíduo formado pela argila cozida, é necessário triturá-la até que esteja pulverizada para poder utilizá-la novamente (ibid).

Este é um sinal claro de que algo está errado; neste caso, o preço da argila é tão baixo que nunca será necessário reduzir o seu consumo. É importante notar que os preços das matérias-primas só foram afectados pelo aumento das distâncias entre os locais de extração e as unidades de produção. O transporte do material fica mais caro, enquanto o preço da matéria-prima tem sido mais ou menos o mesmo ao longo dos anos (Comunicação pessoal, Entrevistado 7). Também o material preferido para os projetos de revitalização executados pela Prefeitura de Guayaquil é o paralelepípedo. É por isso que a Alfadomus relata um aumento nos volumes de produção nos últimos anos (Comunicação pessoal, Entrevistado 7). A utilização deste tipo de material (especialmente o paralelepípedo de argila) faz parte da nova imagem da cidade. É por isso que é a escolha mais comum para todos os tipos de projectos, especialmente em áreas de lazer e ruas principais da cidade.

4.1.6.2 Pedreira de San Luis

A pedreira de San Luis é um dos mais importantes fornecedores de agregados da cidade. Produz lutite[2] [que é a fração pedregosa utilizada na maioria dos betões] e brita (Comunicação Pessoal, Entrevistado 13). Essa pedreira produz 1200 toneladas/mês (14.400 toneladas/ano). O preço do material é de US$ 6,12/tonelada e nos últimos anos esse preço teve um aumento de 3%. De acordo

---

[2] Lutite é um nome geral utilizado para rochas consolidadas compostas de silte e/ou argila e dos materiais associados que, quando misturados com água, formam lama; por exemplo, xisto, pedra de lama e calcilutite (Departamento de Engenharia Mineira da Universidade de Hacettepe)

com o entrevistado, atualmente são gerados 2,6% de resíduos durante os processos de produção. Este material é colocado em canais existentes no local, pelo que não é necessário o transporte de resíduos. Para os resíduos perigosos e especiais, foi contratada uma empresa de recolha para tratar estas substâncias (ibid). Ultimamente, a procura de agregados tem vindo a aumentar. Esta pedreira produzia 800 toneladas/mês, atualmente a produção atinge 1200 toneladas/mês de material. E nos últimos anos a sua produção tem registado um aumento de 30% por ano. De acordo com o técnico da pedreira de San Luis, isto deve-se à construção de novas estradas pelo governo (ibid).

Capítulo 5

5. Identificação dos seccionadores principais

5.1 Nível estatal

Começando pelo nível superior da hierarquia na Constituição equatoriana, nos artigos 395 e 396 do Capítulo II, o Estado adopta um modelo de desenvolvimento sustentável e o princípio da precaução (Assembleia Constitucional, 2009 p. 151). Estes dois artigos influenciam as políticas e a regulamentação a nível ministerial. No caso dos artigos 395º e 396º da Constituição, que são muito gerais, a sua ligação ao nível da ação só pode ser percebida através de regulamentos mais específicos. Além disso, o art. 415 estabelece que os governos descentralizados desenvolverão programas de uso racional da água e de redução, reciclagem e tratamento adequado dos resíduos sólidos e líquidos (Assembleia Constituinte, 2009, p. 156). Este artigo também foi considerado na legislação ministerial. Consequentemente, o Ministério do Ambiente produziu o principal instrumento legal, o Texto Unificado, relativo à gestão de resíduos sólidos e outros tipos de resíduos.

Embora a Constituição equatoriana mencione aspectos relacionados com a gestão de resíduos, é no Texto Único que a distribuição de responsabilidades começa a ser mais direta e, consequentemente, onde começam a surgir desconexões. Por exemplo, no Texto Único verificou-se que o art. 4.1.19 estabelece que a entidade de recolha de resíduos deve implementar sistemas de recolha selectiva de resíduos sólidos em áreas urbanas. Isto facilitará o processo de reciclagem ou outras formas de valorizar os resíduos sólidos (Ministério do Ambiente do Equador 2009, Anexo 6 p. 8). No entanto, o serviço de recolha de resíduos em Guayaquil, prestado pelo Consórcio Vachagnon, não está a implementar qualquer tipo de projeto que permita a triagem de resíduos na cidade. De acordo com o entrevistado, o chefe de operações da Vachagnon, a possibilidade de selecionar os resíduos ou facilitar a separação dos resíduos sólidos não faz parte dos seus planos neste momento (Comunicação pessoal, Entrevistado 5).

A razão para a falta de motivação da entidade responsável pela recolha de resíduos (Vachagnon) poderá ser a pressão insuficiente exercida pelas autoridades governamentais para melhorar os seus métodos de recolha. No entanto, pode argumentar-se que este deve ser um esforço coletivo das autoridades regionais e locais, uma vez que são elas que devem dar os primeiros passos. Para tal, podem dotar a cidade de infra-estruturas adequadas que permitam aos cidadãos colocar os seus resíduos em depósitos separados. Em seguida, o serviço de recolha de resíduos pode recolher os resíduos já separados e transportá-los para as instalações de reciclagem, onde podem ser processados.

Além disso, no art. 397.3 da Constituição equatoriana, é declarado que o Estado regulará a produção, importação, distribuição, uso e colocação final de materiais tóxicos e perigosos (Assembleia Constitucional, 2009 p. 152). Este compromisso está refletido no art. 4.1.22 do Anexo 6 do texto unificado. Este artigo expressa que as indústrias que produzem, possuem ou manuseiam resíduos perigosos, são obrigadas a triar (na fonte) os resíduos sólidos, separando os resíduos sólidos regulares dos perigosos. Isto evitará a contaminação na localização final dos resíduos (Ministério do Ambiente do Equador 2009, Anexo 6 p. 8). Adicionalmente, o art. 4.2.18 do mesmo documento (Anexo 6) proíbe a mistura de resíduos sólidos não perigosos com resíduos sólidos perigosos (Ministério do Ambiente do Equador 2009, Anexo 6 p. 8). Isto é relevante para os RCD porque existe um potencial para promover a triagem de outros tipos de materiais. Se se espera que as indústrias façam a triagem dos seus resíduos e separem os resíduos perigosos dos não perigosos, é possível recuperar outros tipos de materiais que podem ser reciclados e utilizados na produção de novos produtos, como os materiais de construção.

Além disso, apesar do número de empresas que tratam de resíduos perigosos e especiais e que separam os seus resíduos, o problema é que não existe uma empresa oficial[3] responsável pela recolha deste tipo de resíduos em toda a cidade. É por isso que, durante a entrevista com o chefe de operações da Vachagnon, este afirmou que recolhem todos os tipos de resíduos, incluindo os provenientes dos hospitais. É por isso que, mesmo que os laboratórios e os hospitais separem os seus resíduos bioquímicos e os coloquem em depósitos separados, depois de serem recolhidos por Vachagnon, tudo é misturado novamente dentro dos camiões.

Isto contradiz a declaração do administrador do Aterro Sanitário, que disse durante a entrevista que só recebem resíduos não perigosos e que não sabe o que acontece à outra fração dos resíduos sólidos, como os perigosos (Comunicação pessoal, Entrevistado 6). Provavelmente esta é a versão oficial, mas na realidade eles (Aterro Sanitário) estão a receber resíduos perigosos nas suas instalações, o que é um assunto muito sério, uma vez que não estão preparados para receber este tipo de substância, e as consequências ambientais podem ser muito graves. É importante mencionar este facto porque, se as autoridades não resolverem este problema primeiro (separação dos resíduos não perigosos dos perigosos), será muito improvável que comecem a trabalhar em matéria de RCD.

Além disso, os artigos. 4.9.1 e 4.13b referem-se a uma redução dos volumes de resíduos sólidos antes de chegarem ao aterro, se os materiais não puderem ser reutilizados ou reciclados (Ministério do Ambiente do Equador 2009, Anexo 6 p. 16, 24). No entanto, a recuperação de materiais de construção é muito reduzida, e isso só acontece com certos tipos de materiais. Os construtores recuperam sobretudo madeira, bambu e pregos, [utilizados principalmente para cofragens e, no caso do bambu, para andaimes] que podem ser utilizados pelo menos mais um par de vezes noutras construções, reduzindo alguns dos seus custos (Entrevistado 10, 11, 12). No entanto, eventualmente [os materiais recuperados] danificam-se e acabam no mesmo sítio que o resto dos RCD.

Além disso, relativamente a outros aspectos da gestão de resíduos, existem artigos como o art. 32. 32, que poderiam ser benéficos para todos os tipos de resíduos, incluindo os RCD, por exemplo, estabelecendo políticas para a criação de uma cultura relativa à gestão de resíduos sólidos, através da educação e sensibilização da população (Ministério do Ambiente do Equador 2009, Título II). Apesar de o artigo dizer respeito aos resíduos sólidos (em que os RCD são uma fração), não foram implementadas pelas autoridades campanhas de informação que educassem a população sobre questões relacionadas com a gestão de resíduos. No entanto, existe um projeto que está a ser

---

[3]A empresa de recolha oficial refere-se a empresas como a Vachagnon, encarregada da recolha de resíduos não perigosos, onde existe um contrato entre o Município de Guayaquil e o Consórcio. Em contrapartida, no caso dos resíduos perigosos, são as empresas que têm de contratar diretamente o serviço de empresas especializadas no tratamento deste tipo de resíduos [perigosos].

implementado pelo Município relativamente à reciclagem de determinados produtos como o vidro, o papel e o plástico. Este projeto-piloto consiste na colocação de contentores de armazenamento especiais ao longo do Malecon Simon Bolivar e no Malecon del Salado, que são as duas principais frentes de água da cidade, visitadas por centenas de pessoas todos os dias. No Malecon del Salado existe um local de armazenamento onde os visitantes podem observar como é feita a triagem do material e aprender como os resíduos devem ser colocados nos contentores correspondentes (Chacon S., 2006 p. 1). Isto pode ser considerado como um passo importante para o desenvolvimento de uma sociedade consciente do seu papel na conservação dos recursos ambientais. No entanto, é importante notar que a educação da população deve começar com questões básicas, por exemplo, no que diz respeito às horas de recolha do lixo. Há pessoas que colocam o lixo na rua a qualquer hora do dia, atraindo animais que quebram os sacos e espalham os resíduos nos espaços públicos. Além disso, há também indivíduos que jogam seu lixo nos rios e manguezais sem nenhuma preocupação com o meio ambiente. É por isso que as campanhas de informação devem abordar todos os aspectos e potenciais problemas gerados pela gestão incorrecta dos resíduos.

Outro aspeto abordado no art. 32.c do Texto Único é a organização dos recicladores informais, com o objetivo de incluí-los no setor produtivo; legalizar suas organizações e favorecer mecanismos que garantam sua sustentabilidade (Ministério do Meio Ambiente do Equador 2009, Título II). No entanto, a atividade de reciclagem em Guayaquil continua a ser uma atividade informal. As pessoas envolvidas nesta atividade recuperam os materiais do lixo. Estas pessoas não têm qualquer benefício de um trabalhador formal e os seus rendimentos dependem da quantidade de materiais recicláveis que conseguem encontrar nas ruas. Como já foi mencionado em secções anteriores, há empresas que lhes compram estes materiais; no entanto, os preços que pagam são baixos, por exemplo, por um quilograma de cartão recebem apenas US$ 0,06 (Comunicação pessoal, Entrevistado 8). Depois de comprarem estes materiais recuperados, as empresas selecionam os resíduos, embalam-nos e revendem-nos a outras empresas que os utilizam como matéria-prima nos seus processos de produção (Comunicação pessoal, Entrevistado 8). Além disso, é importante salientar que esta atividade de recuperar produtos desperdiçados e vendê-los a empresas como a REIPA é um meio de subsistência importante para as famílias de baixos rendimentos da cidade de Guayaquil.

Outro tipo de desconexões ocorre porque alguns dos aspectos tidos em conta pelo Texto Único não são transferidos para as autoridades regionais ou locais. Por exemplo, a principal portaria que trata dos RCD em Guayaquil é a *Portaria de Gestão de Entulhos,* que exclui alguns aspectos expressos no Texto Unificado. Embora estes aspectos estejam expressos em termos gerais no Texto Único, têm de se tornar operacionais a nível local e ser incorporados nos planos estratégicos implementados pelo município. Exemplos disto podem ser observados quando se analisa o Texto Unificado e se compara com a Portaria Municipal. Por exemplo, o Texto Único, no art. 33b menciona a criação de incentivos e instrumentos económicos e financeiros para uma gestão eficiente dos resíduos (Ministério do Ambiente do Equador 2009, Título II). No entanto, não existem incentivos económicos ao nível da ação e parece que o único incentivo é não ser sancionado pelas autoridades municipais.

Além disso, a promoção do uso e do valor dos resíduos sólidos, considerando-os como bens económicos, também é mencionada no art. 33b do Texto Unificado (Ministério do Ambiente 2009, Título II). 33b do Texto Único (Ministério do Ambiente do Equador 2009, Título II). No entanto, nada está a ser feito a este nível. Para valorizar a valorização dos resíduos sólidos, as autoridades devem promover a criação de um mercado para estes materiais que permita aos produtores de resíduos reduzir os seus custos ou mesmo lucrar com a valorização dos RCD. Além disso, outro incentivo poderia ser a exoneração fiscal para aqueles que reduzem os volumes de RCD que entram no aterro através da utilização de materiais de construção reciclados ou recuperados. Consequentemente, embora estes aspectos estejam expressos no Texto Único, nenhum deles está presente nos regulamentos ou planos estratégicos municipais. Se o Município pretende promover a utilização de materiais recuperados ou reciclados, deve melhorar não só a aplicação dos seus regulamentos actuais, mas também introduzir novos aspectos nos mesmos. A ideia de promover os resíduos sólidos como bens económicos ou a possibilidade de incorporar materiais recuperados em novos projectos deve começar nos projectos públicos. Por exemplo, todos os projectos de revitalização e de habitação em massa que a cidade está a experimentar atualmente poderiam ser um excelente ponto de partida.

5.2 Nível regional

A este nível, podemos encontrar outra importante desconexão, porque o Estado, através do Texto Único do Ministério do Ambiente, transfere diretamente a responsabilidade pela gestão dos resíduos sólidos para o Município de Guayaquil, ignorando o Governo Regional. De acordo com o Título IV, Livro VI, artigo 4.4.1 do Texto Único, *a gestão de resíduos sólidos em todo o país é da responsabilidade dos municípios, de acordo com a Lei do Regime Municipal e o Código de Saúde* (Ministério do Ambiente do Equador 2009, Anexo 6 p. 5). Este pode ser um aspeto importante no que diz respeito à aplicação da legislação atual, uma vez que as autoridades regionais são parcialmente deixadas de fora da questão da gestão de resíduos, enquanto as autoridades municipais têm problemas para lidar com a situação em Guayaquil.

5.3 Administração local e nível de ação

Seguem-se, na ordem hierárquica, os Municípios, que estão em contacto mais próximo com os intervenientes no nível de ação. Os Municípios são obrigados a lidar com as questões de gestão de resíduos pelo nível estadual, conforme observado no art. 4.4.1, Livro VI, do Texto Único (Ministério do Meio Ambiente do Equador 2009, Anexo 6 p. 5) já discutido acima. Como resposta a este pedido, o Município de Guayaquil implementou a Portaria Municipal de Gestão de Entulho para a cidade de Guayaquil. É nesta fase que surge a maioria das desconexões entre o nível do governo local e o nível de ação.

Para começar, o art. 5, Título III, estabelece que aqueles que geram o entulho (proprietários, empreiteiros e responsáveis técnicos) são responsáveis pela recolha, transporte e depósito dos resíduos no aterro sanitário[4] (Município de Guayaquil, 2006 p. 4). No entanto, na prática, de acordo com as entrevistas com os construtores, estes não têm nada a ver com a forma como os RCD são

---

[4]O aterro sanitário é uma técnica de deposição de resíduos sólidos no solo sem prejuízo para o ambiente e para a saúde e segurança públicas. Esta técnica utiliza princípios de engenharia para confinar e reduzir os resíduos ao mínimo volume possível. Para além disso, é colocada uma camada de terra sobre os resíduos, pelo menos no final de cada dia de trabalho (Ministério do Ambiente do Equador 2009, Anexo 6 p. 5).

tratados depois de saírem do local de construção. Eles contratam camiões privados para transportar os RCD e são os motoristas que decidem onde colocar o material (Comunicação pessoal, Entrevistado 10, 11, 12). É importante notar que os locais que os camiões de transporte de resíduos escolhem para despejar o seu lixo são geralmente locais não autorizados, como rios, mangais e terrenos privados. No entanto, provavelmente o principal motivo para o lançamento dos RCD em locais não autorizados é que o Aterro Sanitário "Las Iguanas" (único local autorizado pela Prefeitura para o depósito de resíduos) fica, na maioria dos casos, extremamente distante dos canteiros de obras. Assim, para cumprir a portaria, os camiões terão de percorrer grandes distâncias, o que, consequentemente, aumentará os preços que cobram pelo transporte dos RCD para fora dos locais de construção.

De acordo com alguns construtores, como não existe praticamente nenhum controlo por parte da Câmara Municipal, eles (construtores) não sentem a necessidade de insistir para que os camionistas coloquem os RCD no Aterro Sanitário, uma vez que, para além de gastarem mais dinheiro a fazer com que os camiões percorram a distância entre o local de construção e o aterro, terão de pagar uma taxa no Aterro Sanitário (Comunicação Pessoal, Entrevistado 10). Esta falta de controlo, de acordo com o Diretor do Departamento do Ambiente do Município de Guayaquil, resulta da falta de pessoal e de transportes que os impede de cobrir toda a cidade. Como o entrevistado expressou, as suas operações são apenas reactivas, o que significa que só actuam depois de os resíduos terem sido colocados nos locais não autorizados (Comunicação pessoal, Entrevistado 2).

Em alguns casos, capturam os camiões quando estes estão a deitar os resíduos em locais ilegais. No entanto, depois de os donos dos camiões pagarem a multa, eles voltam a trabalhar (Comunicação pessoal, Entrevistado 2). Foi o que aconteceu com o entrevistado que presta o serviço de transporte de RCD. Há um ano, um dos seus motoristas foi detido por colocar RCD num local ilegal; consequentemente, prenderam o motorista mas deixaram o camião. O proprietário do camião teve de pagar uma multa e, passados três dias, o motorista foi libertado e voltou ao trabalho (Comunicação pessoal, Entrevistado 14). É importante referir que, de acordo com o entrevistado (empresa de transporte de RCD), os controlos municipais têm vindo a aumentar nos últimos tempos, razão pela qual atualmente só colocam os RCD no Aterro Sanitário ou em locais de construção, previamente estabelecidos pelos construtores (Comunicação pessoal, Entrevistado 14). É por isso que, apesar de os seus camiões continuarem a não estar autorizados pela Câmara Municipal a realizar este tipo de trabalhos (de acordo com o decreto municipal, todos os camiões têm de estar autorizados), mudaram as suas práticas, descartando ofertas de trabalho em que o construtor não quer enviar os resíduos gerados para o aterro sanitário "Las Iguanas" (Comunicação pessoal, Entrevistado 14).

O aumento do controlo é provavelmente uma forma de mudar o comportamento das pessoas que transportam os RCD; no entanto, é necessário mais controlo para forçar os construtores a contratar estas empresas (as que estão comprometidas com a gestão adequada dos RCD). Segundo o entrevistado, quando ele se oferece para colocar os resíduos apenas no Aterro Sanitário, às vezes as construtoras não voltam a chamá-lo, porque encontraram uma opção mais barata, onde despejam os resíduos num local mais próximo, mas também ilegal (Comunicação Pessoal, Entrevistado 14). Embora o Regulamento Municipal estabeleça sanções para o manuseamento incorreto dos resíduos, a questão principal é a falta de controlo por parte das autoridades locais e o desconhecimento dos construtores em relação a este regulamento, por exemplo, os três construtores entrevistados não sabiam da existência deste regulamento e que este estabelece uma responsabilidade partilhada em caso de gestão incorrecta dos RCD.

Além disso, é importante salientar que todos os construtores entrevistados pensaram que o envio dos RCD nos camiões é a única responsabilidade que têm sobre os resíduos, e que a forma como os resíduos são tratados depois de deixarem o local de construção não tem nada a ver com eles. No entanto, a portaria estabelece claramente no art. 10.7, que o gerador ou os proprietários de entulho que entregam o material a terceiros para a sua recolha, transporte e colocação final no aterro sanitário partilharão a responsabilidade se for produzido algum dano resultante da gestão incorrecta dos resíduos (Município de Guayaquil, 2006 p. 9). Para além disso, é importante referir que todos ficaram surpreendidos com o facto de a construção poder ser interrompida em caso de recaída, tal como previsto no n.º 3 do artigo 12. 12.3 da mesma portaria (Município de Guayaquil, 2006 p. 10).

No entanto, nenhum dos construtores entrevistados sofreu qualquer tipo de represália, apesar de terem sempre utilizado camiões não autorizados e de nunca terem enviado os RCD para o aterro sanitário (Comunicação pessoal, Entrevistado 10, 11, 12). Este tipo de comportamento pode dever-se a uma falta de consciência ambiental, a razões económicas para tentar reduzir os seus custos e, claro, à falta de controlo por parte das autoridades locais. Devido a este último aspeto, não existe qualquer razão para alterarem as suas acções. Além disso, entre as responsabilidades do Município está a de exigir a execução de uma avaliação ambiental para conceder aos construtores a licença de construção. No entanto, apesar de os construtores apresentarem este estudo, o documento fica normalmente arquivado nos arquivos municipais. De acordo com o entrevistado, não é efectuada qualquer auditoria após a concessão da licença de construção para confirmar que o que foi mencionado no documento é efetivamente implementado durante o processo de construção (Comunicação pessoal, Entrevistado 10).

A exigência de uma auditoria ambiental faz parte das responsabilidades das autoridades locais de acordo com a mesma portaria. Além disso, as autoridades locais têm a responsabilidade de verificar se os resíduos entram nas instalações do Aterro Sanitário. Também são obrigadas a verificar se os volumes de resíduos (quantidades que também estão incluídas no documento de avaliação ambiental apresentado pelos construtores) são os mesmos que os registados pelo sistema de balança nas instalações do Aterro Sanitário. De acordo com a Portaria Municipal, a DACMSE (Direção Cantonal de Limpeza, Mercados e Serviços Especiais) emitirá um formulário que será preenchido pelo gerador e verificado durante as inspecções aos locais de construção (Art. 9c, Município de Guayaquil, 2006 p. 8). No entanto, na prática, este procedimento não está a ser realizado, e é uma das razões pelas quais os construtores não estão a enviar os seus resíduos para o aterro sanitário.

Em relação à coleta e transporte de RCD, o Art. 5.8a indica que o gerador empregará apenas veículos autorizados que cumpram os requisitos do município, para o transporte e colocação do entulho no aterro sanitário (Município de Guayaquil, 2006 p. 5). Mais uma vez, os construtores entrevistados não utilizam camiões autorizados durante o transporte dos resíduos para fora dos locais de construção (Comunicação pessoal, Entrevistado 10, 11, 12). De acordo com os entrevistados, eles não perguntam aos motoristas se seus veículos são autorizados ou não pela Prefeitura (Comunicação Pessoal, Entrevistado 10, 11, 12). Isto representa um problema porque apenas os veículos autorizados são objeto de inspecções por parte do Município, a fim de garantir a gestão adequada dos RCD.

5.4 Dentro do nível de ação

Existem alguns desfasamentos importantes entre os intervenientes ao nível da ação, por exemplo, entre os construtores e os transportadores de RCD. O primeiro grupo não exige que os RCD sejam colocados no aterro sanitário, por todas as razões acima mencionadas. Outro desfasamento é entre os transportadores de RCD e o aterro sanitário. Normalmente, estes preferem colocar os resíduos em locais ilegais (mas mais próximos), contrariando o atual regulamento. Além disso, não existem relações entre os transportadores de RCD e a entidade de recolha de resíduos não perigosos (Vachagnon). A única relação indireta entre eles é que a Vachagnon é normalmente contratada pelo Município de Guayaquil para limpar os RCD que foram depositados pelos transportadores de RCD em locais não autorizados.

Capítulo 6

6. Melhoria da gestão de RCD na cidade de Guayaquil

6.1 Das legislações gerais às portarias específicas

A nível local, o principal instrumento jurídico é a Portaria de Gestão de Entulhos da cidade de Guayaquil. No entanto, é importante mencionar que a este nível não são tidas em conta algumas caraterísticas importantes do Texto Único (instrumento jurídico a nível estatal). É a este nível que as políticas mais gerais devem ser introduzidas em portarias e planos estratégicos específicos, a fim de continuar a melhorar a gestão dos RCD na cidade. O regulamento relativo aos entulhos aborda apenas os deveres operacionais que as pessoas que lidam com os RCD têm de cumprir. No entanto, não incorpora as ideias presentes no Texto Único, relativas à recolha selectiva de resíduos, incentivos, educação e sensibilização da comunidade, etc.

6.2 Plano de Ação Integral

A melhor abordagem seria a criação de um plano de ação integral para a gestão dos RCD, em que um conjunto de metas e objectivos é colocado num prazo específico. Porque não podemos passar de um sistema em que temos lixeiras clandestinas para os RCD e um Aterro Sanitário onde podemos encontrar resíduos perigosos, para um sistema em que os resíduos são imediatamente recuperados para reciclagem. Em primeiro lugar, temos de resolver os problemas operacionais, aumentando o controlo das autoridades e tentando implementar diferentes estratégias para garantir que os resíduos terminam onde devem terminar. Depois, podemos começar a pensar em dotar a cidade de infra-estruturas adequadas para a triagem dos seus resíduos e de instalações de reciclagem de C&DW.

6.3 Fornecimento de infra-estruturas adequadas

O principal instrumento no âmbito estadual é o Texto Unificado, que tem parâmetros claros para tratar os resíduos de forma adequada, e não só isso, mas também introduz a idéia de reutilização e reciclagem dos resíduos sólidos. No entanto, o texto afirma que a coleta seletiva deve ser de responsabilidade da entidade de serviço de limpeza. No entanto, a entidade de recolha não pode começar a separar os resíduos se não existirem infra-estruturas que suportem essa tarefa. Deveriam ser as autoridades governamentais a dotar a cidade das infra-estruturas adequadas [instalações de reciclagem, contentores de armazenamento separados (ou seja, um para plástico, vidro, metal, etc.)], a fim de facilitar a tarefa da entidade de recolha de resíduos e, consequentemente, a recuperação de materiais reutilizáveis. Em segundo lugar, deve ser clara a forma como o material recuperado vai ser utilizado, bem como onde e como vai ser processado. O sector industrial deve ser envolvido e devem ser criados mecanismos de controlo para supervisionar as suas operações. Caso contrário, estaremos a criar um problema adicional na cidade devido à gestão incorrecta dos resíduos recuperados.

6.4 Outros fluxos de resíduos

É importante notar que, para melhorar a forma como os RCD são geridos, a forma como os outros tipos de resíduos são tratados também tem de ser desenvolvida. O Município pode fornecer (por fases, claro) o equipamento necessário para que a comunidade possa separar os seus resíduos. Estes locais (primeiras fases do projeto) podem ser utilizados como instalações de aprendizagem ao vivo para o resto da comunidade, onde as pessoas podem aprender a separar os seus resíduos, que depois podem ser recolhidos pela empresa de limpeza Vachagnon ou diretamente por empresas de reciclagem que começarão a florescer devido ao potencial crescente e à criação de mercado. Além disso, à medida que o aterro sanitário se torna a única alternativa para a colocação de RCD, os construtores começarão a tentar reutilizar alguns dos materiais que costumavam deitar fora. Há ideias potenciais que podem surgir durante este processo de transformação, por exemplo, o material produzido na fábrica de reciclagem de C&DW, se for propriedade do governo, pode ser utilizado em projectos de habitação para famílias com baixos rendimentos. Aqui, os construtores podem enviar os seus materiais sem qualquer custo adicional, exceto a triagem prévia dos materiais, evitando pagar a taxa no aterro sanitário.

Além disso, é importante mencionar que o art. 397.3 da Constituição equatoriana, os art. 4.1.22 e 4.2.18 do Texto Único, todos eles exigem a separação dos resíduos perigosos dos não perigosos. Isto tem de ser aplicado porque não faz sentido começar a trabalhar para melhorar a forma como os RCD são geridos quando os resíduos perigosos ainda estão a entrar nas instalações do Aterro Sanitário. Uma solução poderia ser contratar os serviços de empresas que prestam o serviço de recolha e eliminação de materiais perigosos pelo Município, como fizeram com a Vachagnon (entidade de recolha de resíduos não perigosos). Se as autoridades não quiserem fazer isto e quiserem que as indústrias contratem diretamente os seus serviços, então devem ser implementadas medidas de controlo adequadas para garantir que estas substâncias perigosas não acabem no aterro, como acontece atualmente.

6.5 Apoiar a redução dos RCD

Outra desconexão está relacionada com os artigos. 4.9.1 e 4.13b, relativos à redução dos volumes de resíduos sólidos antes de chegarem ao aterro, caso os materiais não possam ser reutilizados ou reciclados (Ministério do Ambiente do Equador 2009, Anexo 6 p. 16, 24). No entanto, para que esta disposição seja bem sucedida, deve haver um incentivo para os construtores, para que queiram reduzir os seus volumes de resíduos e não enviem tudo para o aterro; uma vez que a triagem dos materiais, a fim de recuperar alguns dos materiais, implicará custos adicionais devido aos salários adicionais dos trabalhadores. Os preços de alguns materiais de construção ainda são muito baixos, especialmente no caso dos agregados, pelo que não há razão para tentarem recuperá-los, e também não há um mercado onde possam vender o material recuperado, pois eles (construtores) só recuperarão materiais que possam ser utilizados nas suas próprias construções. É por isso que deve ser tomado um conjunto de medidas para que um plano de ação seja bem sucedido. Por exemplo, a criação de uma rede entre empresas de construção para que estas possam entrar em contacto e trocar os seus materiais recuperados. Como em todos os estaleiros de construção, há sempre alguns restos de material que, por vezes, são deitados fora e que podem ser transferidos para outros construtores por um preço mais baixo do que o normal. Isto pode ser acompanhado por um melhor controlo por parte das autoridades, tornando o aterro sanitário a única opção para colocar os RCD. Além disso, um aumento da taxa paga no aterro sanitário e a possibilidade de colocar impostos adicionais em alguns dos materiais de construção devem ser cuidadosamente estudados, porque é importante não prejudicar o sector da construção, que é uma grande fonte de emprego. É por isso que o plano deve ser implementado de forma progressiva e continuamente revisto, resolvendo primeiro os problemas mais urgentes, como o tratamento incorreto dos RCD.

6.6 Cenouras e não apenas paus

Para além disso, o art. 33b do Texto Único encoraja a criação de incentivos e instrumentos económicos e financeiros para uma gestão eficiente dos resíduos (Ministério do Ambiente do Equador 2009, Título II). Este passo é muito importante; incluir algum tipo de incentivo para aqueles que melhoraram os seus métodos e reduziram os seus volumes de resíduos. Por exemplo, isenções fiscais para as empresas que separam os seus resíduos ou para as que utilizam materiais de construção recuperados ou reciclados nas suas construções. Poderiam até introduzir uma redução nas taxas pagas ao município para obter as licenças de construção se o projeto reduzir os resíduos de C&DW utilizando materiais recuperados de outros locais de construção, etc. A ideia é oferecer uma razão, para além da sanção, para reduzir os seus resíduos (dos construtores).

6.7 Educação e sensibilização

Para além disso, como refere o art. 32. 32 do Texto Unificado menciona que é importante estabelecer políticas para a criação de uma cultura relativa à gestão de resíduos sólidos, através da educação e sensibilização da população (Ministério do Ambiente do Equador 2009, Título II). Isto irá promover uma melhor gestão de resíduos entre a comunidade, uma vez que o seu papel é essencial se as autoridades quiserem implementar um plano bem sucedido para reduzir os volumes não só de RCD mas de todos os tipos de resíduos. No entanto, as campanhas de informação devem começar com questões básicas, como já foi mencionado neste documento, uma vez que ainda existem alguns problemas que precisam de ser resolvidos primeiro, como a gestão incorrecta dos resíduos. Em algumas zonas da cidade, especialmente nas zonas mais populares, as pessoas deitam os seus resíduos diretamente nos rios, ou colocam o lixo fora dos horários de recolha, pelo que os cães e outros animais rasgam os sacos e todos os resíduos acabam nos espaços públicos. Primeiro os problemas básicos

para que a cidade possa avançar para outras questões, como a triagem e a redução do volume de resíduos.

6.8 Inclusão de todas as partes interessadas

Por exemplo, a exclusão das autoridades de nível regional no que diz respeito a questões relacionadas com os resíduos, uma vez que toda a responsabilidade pela gestão de resíduos é transferida diretamente para as autoridades locais (Município de Guayaquil), de acordo com o art. 4.4.1 do Texto Unificado (Ministério do Ambiente do Equador 2009, Anexo 6, p. 5). 4.4.1 do Texto Único (Ministério do Ambiente do Equador 2009, Anexo 6 p. 5). As autoridades regionais podem ajudar o município durante as operações de controlo e inspeção, uma vez que (as autoridades municipais) mencionaram que existe uma escassez de recursos pessoais e económicos para vigiar toda a cidade de Guayaquil.

Além disso, é importante que o Município inclua os transportadores de RCD nas decisões e na formulação de novos planos de ação, perguntando-lhes o que pode ser feito para facilitar as suas actividades. É necessário perguntar-lhes onde acham conveniente ter pontos estratégicos para deixar os RCD em vez de os levar para o Aterro Sanitário, que fica demasiado longe. As informações dos transportadores de resíduos podem ser muito úteis, pois eles sabem onde estão localizados os potenciais depósitos clandestinos e podem sugerir um local de descarga próximo a esses locais, evitando futuras contaminações.

6.9 Aplicação da legislação atual

No entanto, é importante corrigir os desfasamentos entre o governo local [Município] e o nível de ação [sector da construção, administração de aterros, transportadores de RCD]. Como já observámos durante a identificação dos desfasamentos, um dos principais problemas é a falta de controlo por parte das autoridades locais em relação aos RCD, o que tem como principal consequência o facto de as pessoas depositarem os seus resíduos em lixeiras clandestinas. Uma forma de melhorar esta situação é aumentar o controlo das autoridades locais sobre os RCD que saem dos estaleiros de construção. As autoridades já dispõem de um estudo de impacto ambiental que indica a quantidade de resíduos que vai ser gerada em cada um dos estaleiros de construção, o que é um requisito para que lhes seja concedida a licença de construção. Consequentemente, só precisam de verificar estas quantidades e controlar que os RCD terminem no Aterro Sanitário "Las Iguanas". Uma forma de o fazer é que, depois de os RCD saírem do estaleiro, o condutor apresente aos inspectores municipais um cartão carimbado (ou assinado) pelos administradores do Aterro Sanitário, para que as autoridades possam ter a certeza de que os RCD foram colocados no aterro e não numa lixeira clandestina. Esta é apenas uma sugestão simples, mas esta ideia pode ser melhorada para se tornar mais prática, com o objetivo final de aumentar o controlo sobre o que sai dos locais de construção e o que vai para o aterro sanitário.

Outra forma de melhorar a gestão dos RCD é exigir a execução da auditoria ambiental. Embora parte dos requisitos para a obtenção da licença de construção seja que os construtores contratem um auditor ambiental autorizado para supervisionar as suas operações, isto não é atualmente aplicado pelas autoridades locais. Esta auditoria ambiental é uma ferramenta importante que pode ser utilizada pela Câmara Municipal para verificar se o que foi declarado no estudo ambiental apresentado pelas empresas de construção foi efetivamente implementado, permitindo um melhor controlo do sector. Além disso, de acordo com o artigo 5 da Portaria Municipal, os geradores de entulho (proprietários, empreiteiros e responsáveis técnicos) são responsáveis pela recolha, transporte e depósito do entulho no aterro sanitário (Município de Guayaquil, 2006 p. 4). Consequentemente, de acordo com este artigo, todos eles precisam de ser sancionados, porque o que está a acontecer neste momento é que apenas as empresas de transporte de RCD são punidas. Das entrevistas com os construtores e com a empresa de transporte de RCD, os construtores nunca foram punidos por deitarem os seus resíduos em locais não autorizados. No entanto, a empresa de transportes de RCD entrevistada foi. Se a punição visar também os responsáveis técnicos e os proprietários dos edifícios, mais profissionais envolvidos na atividade de construção poderão mudar as suas práticas actuais, uma vez que não querem ser sancionados ou afetar a sua reputação, e começarão a enviar os seus resíduos para o aterro sanitário. Além disso, esta medida resolverá o problema da separação entre os construtores e os transportadores de RCD, uma vez que, se as sanções começarem a afetar os construtores, estes começarão a exigir que os motoristas despejem os resíduos exclusivamente no aterro sanitário.

Além disso, de acordo com a Portaria Municipal, o gerador de RCD deve empregar apenas veículos autorizados para o transporte de RCD para o aterro sanitário (Município de Guayaquil, 2006 p. 5). Mas isso não está a acontecer; todos os construtores entrevistados não empregam nenhum veículo autorizado. Por conseguinte, é importante regulamentar a atividade de todas as empresas informais de transporte de RCD. Isto facilitará a supervisão das suas actividades e facilitará o controlo por parte das autoridades competentes.

6.10 Introdução de agentes não estatais

Além disso, é importante introduzir novos agentes no sistema (ver figura IV). Os actores não estatais, como as ONG ou os grupos ambientalistas, podem funcionar como elo de ligação entre os níveis de regulamentação e os actores na paisagem. No Equador existe um sistema de cima para baixo, o que pode ser um fator de desobediência à legislação, uma vez que as necessidades do sector da construção e de outros agentes que lidam com os RCD não são tidas em consideração. Os agentes não estatais podem (imparcialmente) fornecer uma visão externa do que precisa de ser melhorado. Além disso, as ONG podem trabalhar com a comunidade em campanhas educativas, introduzindo conceitos e estratégias para a redução do volume de resíduos.

6.11 Redes transnacionais

A utilização da cooperação cidade a cidade entre cidades de países desenvolvidos e em desenvolvimento não é uma ideia nova. De acordo com de Villiers (2009), pode haver diferentes tipos de ligações entre Norte-Norte, Norte-Sul ou Sul-Sul. No entanto, esta pode ser uma ferramenta importante para melhorar a gestão dos RCD na cidade de Guayaquil, onde as cidades com mais experiência na gestão de resíduos podem partilhar os seus conhecimentos com as autoridades governamentais do Equador. Os municípios (um no Norte e outro no Sul) podem trabalhar em conjunto, podendo a cidade do Norte prestar aconselhamento e reforçar as capacidades das autoridades locais de Guayaquil. No entanto, a cooperação também pode ter lugar a nível do Estado e não apenas a nível local.

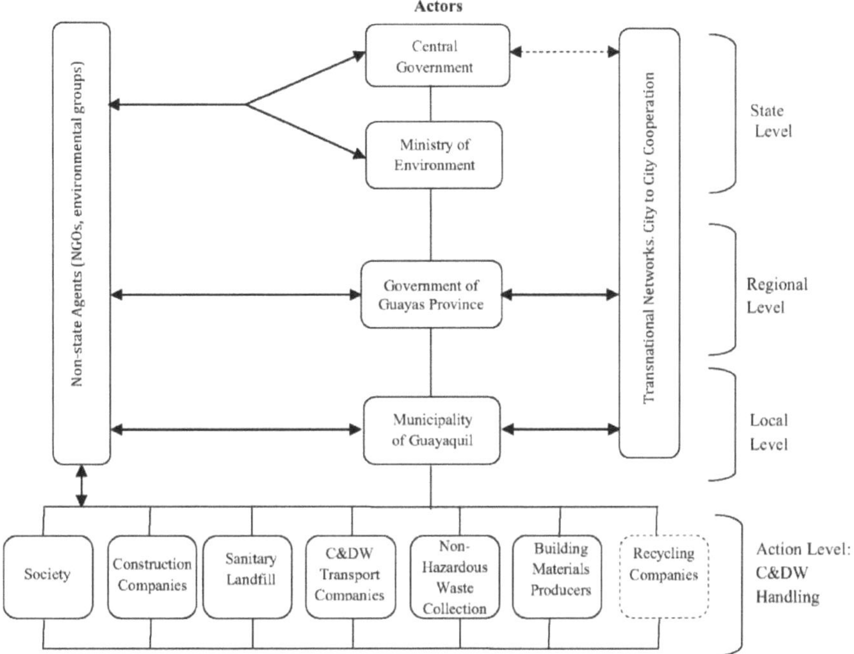

Figura IV: Sistema melhorado de C&DW na cidade de Guayaquil.

A figura IV mostra os diferentes níveis e os seus actores ligados entre si. Além disso, foram introduzidos novos agentes nos sistemas, ONG e grupos ambientais (agentes não estatais) que funcionarão como elo de ligação entre os níveis de regulamentação e os actores na paisagem. Isto irá alterar o atual sistema de cima para baixo que predomina no Equador. Esta cooperação entre cidades (Norte-Sul) facilitará o desenvolvimento de capacidades e a melhoria contínua das estratégias que reduzem a gestão incorrecta e os volumes de RCD.

Capítulo 7

7. C&DW e IE

O caso de Guayaquil pode ser utilizado para introduzir conceitos de IE no sistema atual. Na cidade, toda a quantidade de C&DW está a ser descartada. Na melhor das hipóteses, é colocado no aterro sanitário, mas o pior e mais comum é ser despejado em rios, florestas ou outros locais ilegais. Assim, nada está a ser recuperado e reintroduzido no sistema. Por esta razão, embora se possa argumentar que é impossível imitar a perfeição de um ecossistema, as ideias por detrás do conceito de EI são algo que vale a pena tentar alcançar. Mesmo que o sistema não seja totalmente fechado ou que alguma energia seja proveniente de recursos não renováveis, como os combustíveis fósseis (o que não é o caso de Guayaquil, cuja principal fonte de energia é a energia hidroelétrica), os contributos da redução da quantidade de resíduos depositados em aterro e recuperados para reutilização ou reciclagem diminuirão o consumo de recursos naturais para a produção de novos produtos. Em Guayaquil é importante (depois de resolver alguns dos problemas básicos mencionados anteriormente neste documento) implementar algumas das estratégias disponíveis como a demolição selectiva, ou desconstrução. E estas aplicam o conceito da metáfora da ronda, uma vez que reduzirão a extração de materiais virgens para produzir novos produtos; utilizando em vez disso os RCD recuperados para fornecer os materiais necessários ao mesmo sector de construção que originou os resíduos.

No entanto, para o conseguir, a comunicação entre os diferentes actores deve ser reforçada, não só entre os diferentes níveis do sistema, mas também dentro do mesmo nível. As empresas de construção devem criar uma rede que permita aos construtores de diferentes empresas trocarem entre si materiais remanescentes e/ou recuperados. Além disso, a comunicação entre as autoridades governamentais também é importante para o sucesso, uma vez que a implementação de planos estratégicos pode exigir apoio económico e logístico para ser bem sucedida. É por isso que, para implementar estratégias para melhorar a forma como os RCD são geridos na cidade, primeiro o sistema deve ser reconectado e todas as suas partes devem ser consideradas; caso contrário, qualquer tentativa de fechar o ciclo será inútil.

Capítulo 8

8. Conclusões

A principal intenção desta tese foi contribuir para a gestão dos RCD na cidade de Guayaquil, analisando as razões pelas quais a legislação não está a cumprir o seu objetivo. Como o principal problema aqui não é a falta de legislação em vigor, mas a sua aplicação. No entanto, isto deve ser complementado com um plano estratégico integral a nível regional e local, considerando os aspectos mais importantes presentes na legislação a níveis superiores. Apesar de existirem alguns vazios na prática (por exemplo, o que está a acontecer com as lixeiras clandestinas), a cidade passou de uma lixeira a céu aberto e de espaços públicos cheios de resíduos para um aterro sanitário e um serviço de recolha de resíduos mais eficiente. No entanto, muito pouco foi feito para promover a recuperação e a reciclagem dos materiais colocados no aterro sanitário. É, pois, importante resolver os problemas básicos e fazer cumprir a legislação existente que erradica as práticas ilegais relativas aos RCD, para que possamos dar o passo seguinte e começar a reduzir os volumes de RCD e de resíduos sólidos em geral que são depositados em aterros, reduzindo assim a utilização de materiais virgens para alimentar o sector industrial. No entanto, isto levará tempo e um investimento significativo por parte do governo para dotar a cidade das infra-estruturas necessárias, e exigirá a educação e formação de todas as partes interessadas e da população em geral.

Além disso, existem várias estratégias potenciais que podem ser facilmente aplicadas pelas autoridades locais para melhorar a forma como os RCD são tratados, como as apresentadas nas últimas secções do presente documento. Outras necessitarão da cooperação do nível estatal; no entanto, a decisão de efetuar estas alterações é o fator mais importante. O Município de Guayaquil demonstrou interesse em melhorar a forma como os resíduos em geral são geridos, mas ainda há um longo caminho a percorrer. Felizmente, o Presidente da Câmara da cidade foi reeleito e mais quatro anos garantirão a continuidade dos planos já iniciados, uma vez que um dos principais problemas do país é a continuidade dos planos a longo prazo. No entanto, há outros aspectos que precisam de complementar estes planos, e também novos planos que precisam de ser introduzidos.

9. Recomendações

As principais recomendações que podem ser retiradas da secção de análise e discussão são as seguintes

- Incluir todos os diferentes intervenientes e atribuir-lhes tarefas e responsabilidades específicas, evitando a exclusão de intervenientes importantes como o Governo Regional, que está atualmente excluído do sistema.

- É importante que os intervenientes não estatais (ou seja, ONG, grupos ambientalistas) entrem em ação e prestem assistência aos níveis de regulamentação, funcionando como elo de ligação entre estes níveis e a paisagem. Estes actores (ONG) podem também levar a cabo campanhas educativas para introduzir conceitos de redução, reutilização e reciclagem na comunidade.

- Criação de redes transnacionais entre cidades mais experientes na gestão de RCD e a cidade de Guayaquil. Isto facilitará a criação de melhores estratégias para lidar com os problemas dos resíduos.

- O governo deve fornecer primeiro as infra-estruturas necessárias. É essencial criar uma unidade de reciclagem de RCD (e de outros tipos de resíduos sólidos). Depois, podem exigir (como mencionado no Texto Único) a recolha selectiva de resíduos pela entidade de limpeza.

- A promoção de campanhas de informação para educar a sociedade sobre a forma de gerir os seus resíduos e discutir a importância de o fazer. Estas campanhas podem começar por abranger questões básicas, como a recolha do lixo durante o horário de recolha, e depois evoluir para formas de reduzir o volume de resíduos, recuperando e reutilizando alguns dos materiais em vez de os deitar fora. Além disso, uma vez criadas as infra-estruturas de reciclagem, a comunidade deve ser informada sobre a forma de separar os seus resíduos.

- Estabelecer mecanismos de incentivo para aqueles que contribuem para melhorar a gestão dos RCD. Por exemplo, isenções fiscais para os fabricantes de materiais de construção que incluam na sua produção materiais recuperados a partir de RCD. Também descontos nas taxas municipais, para obter a licença de construção, para projectos em que haja uma redução dos C&DW gerados colocados nos aterros, ou que utilizem uma percentagem de materiais recuperados ou reciclados nos seus projectos.

- É importante que as autoridades competentes elaborem um plano estratégico integral com uma perspetiva a longo prazo, abordando primeiro os problemas básicos e evoluindo depois para tarefas mais complexas. Por exemplo, a mudança de um aterro sanitário para uma unidade de reciclagem. Atualmente, este [aterro sanitário] é a única alternativa para os RCD e não está a funcionar bem, uma vez que existem muitos problemas, como as lixeiras clandestinas e o facto de os resíduos perigosos serem misturados com os não perigosos. No entanto, quando estes problemas forem resolvidos, poderemos avançar para soluções melhores e mais integrais. Por esta razão, é importante ter um plano estratégico que indique todos os passos necessários para o realizar e o tempo que cada tarefa deve durar.

- Rever as actuais portarias municipais que tratam de RCD para incluir outros aspectos que são mencionados no Texto Único (Nível Ministerial) mas que são omitidos na legislação municipal. É nesse nível que as regras gerais estabelecidas nos níveis superiores devem ser incluídas, não apenas nas portarias, mas também nos planos estratégicos.

- Reforçar os controlos municipais sobre o sector da construção. Existem estratégias alternativas que podem ser implementadas para garantir que os RCD sejam colocados no Aterro Sanitário. No entanto, o Estado deve apoiar e financiar a expansão dos departamentos encarregados de realizar as inspecções aos locais de construção e de patrulhar a cidade à procura de infractores.

- As autoridades locais devem exigir a auditoria ambiental e utilizar o relatório para verificar se o que foi declarado na avaliação ambiental das empresas de construção foi cumprido.

- As sanções devem também visar o gerador dos RCD (proprietário, promotor e construtor) e não apenas os condutores ou proprietários dos camiões que transportam os RCD, caso estes sejam colocados em locais ilegais. Tal contribuirá para gerar uma mudança na forma como os RCD são atualmente geridos nos estaleiros de construção e encarados pelos construtores.

- Além disso, as sanções devem ser reforçadas porque, depois de pagarem a multa, os transportadores de RCD voltam às práticas antigas, mas isto também tem a ver com o facto de as sanções só os visarem a eles [transportadores de RCD] e não aos produtores, como foi referido acima.

- Criar pontos estratégicos para a colocação dos RCD dentro da cidade [ex: Norte, Centro, Sul, etc] para diminuir a distância entre o aterro sanitário e os canteiros de obras, desta forma o construtor terá uma alternativa para colocar seus resíduos que não aumente seu custo significativamente.

- As autoridades locais devem contratar os serviços de entidades especializadas no tratamento de resíduos perigosos para evitar uma maior contaminação do aterro sanitário. Caso contrário, devem aumentar o controlo sobre as indústrias que manuseiam este tipo de resíduos, para evitar que os escondam no interior dos resíduos normais recolhidos pela Vachagnon.

Capítulo 10

10. Referências

Aguilar, Alfonso (1997). *Reciclagem de materiais de construção.* Boletim Cidades para um futuro mais sustentável [Boletin Ciudades para un futuro mas sostenible]. Instituto Juan Herrera *Instituto Juan de Herrera*]. Madrid, Espanha. http://habitat.aq.upm.es/boletin/n2/aconstl.html (acedido em 13-01-09).

Bohne R. (2005). *Ecoeficiência e estratégias de desempenho em sistemas de reciclagem de resíduos de construção e demolição.* Norwegian University of Science and Technology Faculty of Engineering Science and Technology Department ofHydraulic and Environmental Engineering, and Industrial Ecology Program. Trondheim, Noruega, http://ntnu.diva-portal.org/smash/record.)sf?pid=diva2:125234 (acedido em 15-01-09)

Bryman, Alan (2004). *Social Research Methods.* Oxford University press. Nova Iorque. ISBN 9780-19-926446-9

Chacon Sandra (2006). Experiência Educativa em Guayaquil-Equador. Projeto de Gestão Integral de Resíduos [Experiencia Educativa Guayaquil-Ecuador "Proyecto de Manejo Integrado de Desechos"]. Fundação Malecon 2000 [Fundacion Malecon 2000]. http://www.bvsde.paho.org/bvsaidis/mexico2005/chacon.pdf (acedido em 10-02-09).

Assembleia Constituinte (2009). *Constituição Nacional do Equador 2008.* http://asambleaconstituyente.gov.ec/documentos/definitiva constitucion.pdf (acedido em 13-01 -09) p. 1-175.

De Villiers J.C. (2009). *Factores de sucesso e o processo de gestão de parcerias cidade a cidade - da estratégia à capacidade de aliança.* Stellenbosch, África do Sul. Habitat Internacional 33:149-156

Erkman S., Ramaswamy R. (2003). *Applied Industrial Ecology. A New Platformfor Planning Sustainable Societies.* Edições Charles Leopold Mayer, Paris, França. ISBN: 81-88848-01-8.

Frosch R. e Gallopoulos N. (1989). *Strategies for Manufacturing.* Scientific American 261 (3):144-152 http://www.is4ie.org/Content/Documents/Document.ashx7DocId=29026 (acedido em 23-04-2009)

Gibson C., Ostrom E., Ahn T. (2000). *O conceito de escala e as dimensões humanas da mudança global: um inquérito.* Ecological Economics 32:217-239.

Departamento de Engenharia de Minas da Universidade de Hacettepe (2009). *Dictionary of Mining, Mineral, and Related Terms,* http://www.maden.hacettepe.edu.tr/dmmrt/index.html (acedido em 31-03-09)

Hagerstrand Torsten (2001). *Um olhar sobre a geografia política da gestão ambiental.* Sustainable Landscapes and Lifeways: Scale and Appropriateness, ed. Anne Buttimer, Cork University Press: Irlanda, p. 35-58.

Korhonen Joumi (2001). *Some Suggestionsfor RegionalIndustrialEcosystems - Extended IndustrialEcology.* Universidade de Joensuu, Finlândia. Eco-Management and Auditing 8, 57-69. DOI: 10.1002:ema.l46.

Kourmpanis B., Papadopoulos A., Moustakas K., Stylianou M., Haralambous K.J., Loizidou M., (2008). *Estudo preliminar para a gestão de resíduos de construção e demolição.* Unidade de Ciência e Tecnologia Ambiental, Escola de Engenharia Química, Universidade Técnica Nacional de Atenas. Atenas, Grécia p. 267-275

Mata Anabel e Vega Robinson (1997). *Reciclagem da Arquitetura. Estudo de viabilidade para a inclusão de materiais residuais no sector da construção. [Arquitetura de Reciclaje. Estudo de Factibilidadpara la Aplicacion de Desechos en la Construction].* Tese de Licenciatura. Faculdade de Arquitetura e Design da Universidade de Santiago de Guayaquil. Equador.

Ministério do Ambiente do Equador (2009). *Título II. Políticas Nacionais de Resíduos Sólidos.* http://www.ambiente.gov.ee/paginas espanol/3normativa/docs/libro VITII.htm (acedido em 30-0109)

Ministério do Ambiente do Equador (2009). *Título IV: Regulamento de Gestão Ambiental para a prevenção e controlo da poluição ambiental* . http://www.ambiente.gov.ee/paginas espanol/3normativa/docs/libroVITIV.htm (acedido em 30-0109)

Ministério do Ambiente do Equador (2009). *Anexo 6. - Normas de qualidade ambiental para a gestão e colocação final dos resíduos sólidos não perigosos.* http://www.ambiente.gov.ee/paginas espanol/3normativa/docs/LIBRO%20VI%20Anexo%2Q6.p df (acedido em 30-01-09).

Mikkelsen, Britha (2005). *Methods For Development Work and Research. A New Guide for Practitioners.* Índia. Sage Publications Inc.

Miliute J., e Staniskis J. (2006). *Analysis and Possibilities forImproving the Lithuanian Construction and Demolition Waste Management System.* Instituto de Engenharia Ambiental, Universidade de Tecnologia de Kaunas. Investigação, engenharia e gestão ambiental, 2006.No.2(36), p.42-52. ISSN 1392-1649.

Monge, Gladys (2009). *Gestão de Resíduos Sólidos na América Latina e nas Caraíbas: Cenários e Perspectivas.* Centro Pan-Americano de Engenharia Sanitária e Ciências Ambientais [CEPIS] Lima, Peru, http://www.idrc.ca/uploads/user- S/11485023051mil2 monge ing.pdf (acedido em 22-01 -09).

Município de Guayaquil [M.I. Municipio de Guayaquil] (2006). *Portaria de gestão e colocação final de entulho em Guayaquil.* Guayaquil, Equador. P. 2-12. http://www.guavaquil.gov.ec/index.php?option=com docman&task=cat view&gid=160&Itemid =109 (acedido em 13-01-09).

Município de Guayaquil [M.I. Municipio de Guayaquil] (2009). *Geografia de Guayaquil* http://www.guavaquil.gov.ec/index.php?option=com content&view=article&id=114&Itemid=86 (acedido em 30-01-09).

Município de Guayaquil e Nações Unidas (2002). *Indicadores Urbanos da cidade de Guayaquil 1993-2000 [Indicadores Urbanos de la Ciudad de Guayaquil 1993-2000].* ISBN 9978-92-202-4. Guayaquil Equador.

Mulder E., de Jong T., Feenstra L. (2007). *Ciclo fechado de construção: Um processo integrado para a separação e reutilização de resíduos de C&D.* TNG Science and Industry, Department of Separation Technology e Delft University ofTechnology, Faculty of Civil Engineering and Geosciences. Países Baixos. Waste Management Jour. Vol. 27:1408-1415.

Instituto Nacional de Estatística e Censos, INEC [Instituto Nacional de Estatísticas y Censo] (2001). *Infoplan.* Secretaria Nacional de Planeamento e Desenvolvimento, SENPLADES [Secretaria Nacional de Planificacion y Desarrollo].

Registo Oficial do Equador (2000). *Registo Oficial n.º 33, Capítulo XU, art. 91.* http://www.derechoecuador.com/index.php?option=com content&task=view&id=1901&Itemid =248 (acedido em 13-02-09).

Rao A., Jha K., Misra S. (2006). *Utilização de agregados de resíduos de construção e demolição reciclados no betão.* Departamento de CE. Kanpur, Índia. Recursos, Conservação e Reciclagem 50: 71-81

Jornal O Universo [Diano El Universo] (2008). *A cesta básica familiar é aumentada para 503 USD, revela o INEC [Canasta familiar se eleva a 503 USD, revela elTNEC].* http://www.eluniverso.eom/2008/06/06/0001/9/859489EF56B4427A81E9B9D258E31527.html (accessed 24-03-09)

Diário El Universe (2008). *Guayaquil credo al libre albedrio de sus habitantes [Guayaquil credo al libre albedrio de sus habitantes].* http://www.eluniverso.com/2008/07/05/0001/18/F623384C747842E7BD82CBlDDE3349FQ.ht ml (accessed 22-03-09)

Thormark C. (2003). *Estado da desconstrução na Suécia. Relatório nacional para o grupo de trabalho CIB TG39 sobre desconstrução.* Instituto de Tecnologia de Lund. Departamento de Gestão da Construção. Universidade de Lund. Lund, Suécia.

UN-Habitat (2009). *Apoio ao Município de Guayaquil, 1ª Fase.* http://www.unhabitat.org/content.asp?cid=715&catid=149&tvpeid=13&subMenuId=0 (acedido em 17-02-09).

Vachagnon (2009). *Consórcio Vachagnon [Consorcio Vachagnon]* http://www.vachagnon.com/antecedentes eng.php (acedido em 27-02-09).

Yin Robert (1994). *Case study Research. Design and Methods.* Índia. Sage Publications Inc. 2nd . cd. ISBN 0-8039-5662-2.

Apêndice A: Lista de entrevistados e informações de base

	Name and Surname	Organization	Type of Organization	Position	Interview Date
Interviewee 1	Maria Auxiliadora Jacome, Eng.	Ministry of Environment	State Institution		22-01-2009
Interviewee 2	Camilo Ruiz, Eng.	Municipality of Guayaquil. Environmental Department.	Municipality	Director	29-01-2009
Interviewee 3	Glubis Muñoz Ruiz	Municipality of Guayaquil. Environmental Department	Municipality	Chief of the Natural Capital Department	29-01-2009
Interviewee 4	Fernando Ayala, Eng.	National Institute for Statistics and Census.			26-01-2009
Interviewee 5	Juan Carlos Garcia, Ec.	Vachagnon Consortium	Waste Collection and transport Company	Chief of Operations	30-01-2009
Interviewee 6	Andres Intriago, Eng.	Sanitary Landfill "Las Iguanas"		Chief of Landfill	24-02-2009
Interviewee 7	Jorge Borja	ALFADOMUS	Building Materials Company	Director	11-03-2009
Interviewee 8	Hernan Solorzano	REIPA	Recycling Company	Technician	16-03-2009
Interviewee 9	Edgar Pinzón, Eng.	GADERE S.A. Environmental Management of Waste	Hazardous Waste Collection Company	Director	16-03-2009
Interviewee 10	Pablo Cattan	Inmobiliare International	Design and Construction	Planning Director	17-03-2009

		Coorporation	Company		
Interviewee 11	Gustavo Lucin, Arq.	Private contractor	Design and Construction	Contractor	03-03-2009
Interviewee 12	Luis Rivera	Private contractor	Design and Construction	Contractor	19-03-2009
Interviewee 13	Anonymous worker[5]	San Luis Quarry	Aggregates production	Production Technician	29-03-2009
Interviewee 14	Agustin Ponce	Private company	Construction and Demolition Transport Company	Owner	03-04-2009

---

[7] Esta pessoa pediu para permanecer anónima.

Apêndice B: Perguntas para as entrevistas

**Esta é uma amostra das perguntas, o resto das entrevistas estão no CD. As entrevistas foram efectuadas em espanhol e traduzidas para inglês pelo autor.*

	Questions	**Responses**
Interviewee 1	Which are the laws dealing with the solid waste management in Ecuador?	There is one document named Unify Text where you can find norms for waste management.
	How the Construction and Demolition is handled?	All the waste generated at the construction sites is handled the same way as regular waste. This means that is sent to the landfills.
	Is there any kind of statistical information concerning Construction and Demolition Waste?	No that I am aware of.
	Is there a recycling project been implemented in Ecuador?	No at the moment.
	Is there a project for implementing a recycling project in the near future?	No
	Is there a recycling plant in the country?	There are some at the private level, but for specific materials like plastic, glass, paper, and metal.
	Does the Ministry have written some legislation concerning the recover, reuse, or recycling of solid waste?	Yes, there are in the Unify Text [Texto Unificado]
	Which is the final destiny of the waste?	All the waste is place in the landfills or in some cases in clandestine dumps.
	Is the waste been sorted in order to separate toxic from non toxic waste, before put it in the landfills?	No at all.
	Is the solid waste been sorted for recovery or recycling of some of its components?	No.
	Who performs the sorting of the waste that is sent to private recycling companies and for which reasons?	There are persons whose way of living is to go and look into the waste recovering plastics, metals, cardboards in order to sell them to the recycling plants.
	Are there any legislation requiring the separation of hazardous from non-hazardous waste?	Yes, they exist in the Unify Text.

I want morebooks!

Buy your books fast and straightforward online - at one of world's fastest growing online book stores! Environmentally sound due to Print-on-Demand technologies.

Buy your books online at
www.morebooks.shop

Compre os seus livros mais rápido e diretamente na internet, em uma das livrarias on-line com o maior crescimento no mundo! Produção que protege o meio ambiente através das tecnologias de impressão sob demanda.

Compre os seus livros on-line em
www.morebooks.shop

Printed by Books on Demand GmbH, Norderstedt / Germany